飨宴

郭文俊 著

一年四季，养生为生，春养肝，夏养心，秋养肺，冬养肾，每一个时节都有属于它的食物，饮食有节，饮食有择，不时，不食，才能养得身心，品得本味。

北京日报报业集团

同心出版社

图书在版编目（CIP）数据

飨宴 / 郭文俊著 . — 北京：同心出版社，2015.7
ISBN 978-7-5477-1711-0

Ⅰ . ①飨… Ⅱ . ①郭… Ⅲ . ①菜谱－中国
Ⅳ . ① TS972.182

中国版本图书馆 CIP 数据核字 (2015) 第 143412 号

著：　　　郭文俊
策　　划：刘　蓓
责任编辑：杨　芳
特约编辑：曾小亮
设　　计：侯　园
出版发行：同心出版社
地　　址：北京市东城区东单三条 8–16 号 东方广场东配楼四层
邮　　编：100005
电　　话：发行部：（010）65255876
　　　　　总编室：（010）65252135–8043
网　　址：www.beijingtongxin.com
印　　刷：北京缤索印刷有限公司
经　　销：各地新华书店
版　　次：2015 年 8 月第 1 版
　　　　　2015 年 8 月第 1 次印刷
开　　本：710 毫米 × 1000 毫米　　1/16
印　　张：12
字　　数：153 千字
定　　价：38.00 元

我和"吃"的那些年

我不能自称是一个美食家，我只能说自己是一个与"吃"打了半辈子交道的人。这里没有华丽的辞藻，只有朴实的想告诉你我和"吃"的那点事儿。关于吃，关于膳养，若对于读者，能有些许的帮助，也就足够了。

先说说我与吃是如何打上交道的吧。我是一个厨师，这在中国并不稀奇。上世纪70年代，能做个厨师代表着能吃饱肚子，已经是不错的了，于是一入行就是三十几年。这期间，我见到了太多的"饕餮盛宴"，但是也同样让我见到了太多的"病由口入"，直到有一天我对自己说，我为食客奉上的不应该仅仅是美味，还应该是我的良心、一个负责任的态度，于是我开始下定决心研究膳养宴。

我翻阅了大量历史资料，研究过去的人怎么吃，尤其是官府家的人是怎样吃的，最后我发现真正的吃，无关乎"山珍"，无关乎"野味"，重要的是一份"不时，不食"的食材和一份"不精，不烹"的用心。饮食有节，饮食有择。把普通的食材，在最适合的时节，用最朴素的烹饪方式，做出最赏心悦目的美味，这才是真正的官府养生菜。

于是，我自创的官府养生菜开始陆续奉给我的食客们。我坚决抵制餐桌污染，不采用任何添加剂，以天然、环保的真、野、名、特、鲜、精、养为选料宗旨，确定"以味为先，以养为本"的科学膳食标准，之后结合"膳食有养，贵在搭配"的饮食理念，形成独到的"官府养生菜"配餐标准。我先后推出了"五福临门宴""花开富贵宴""龙腾盛世宴""吉祥如意宴""麒麟送宝宴"等主题宴会，这些主题宴引起了餐饮界的关注与推崇。

2008年，我的"辽参满家喜"获第六届烹饪技能竞赛金奖。仅仅是小米和参，如此简单食材做出的菜品能够获胜，主要赢在制作它的每一步细节上。这道菜所使用的小米是山西太行山脉所产，完全在自然环境下生长的，其特点是久煮而不化，口感很好，配以矿泉水熬制成粥，不仅味道香浓还营养丰富。我就是希望用简单的食材做出让人难忘的味道。食味之美，品色之精，取自然之道，扬国华之粹是我追求烹饪的终极目标。

一种理念的提出，总会出现无数质疑与挑战。"官府养生菜"的推出也是如此，很多人认为，"膳养"就应该与"美味"无关。殊不知，五千年的东方美食文化，一直是讲究色香味俱全的，而官府养生应该更加苛刻："色、香、味、形、器"与"尚、温、声、意、养"皆须兼具。官府养生菜不高端、不神秘，但做好它，绝对不简单。三十多年的坚持，我总结出八个字：绿色健康，传统时尚，这是我一直坚守的信念。

目录 Contents

目录 Contents

食材

禽肉

牛羊肉

猪肉

鱼肉

豆腐

蔬菜

菌菇

春季膳养

属于春天的食物

人和大自然有着微妙的关系，春季里，不仅大自然焕发着生机，人体的机能也会在冬季结束后慢慢复苏，重新焕发生机和活力。这个时节正是促进生长和补充冬季缺失的营养的最佳时机。春季膳食应遵循养阳防风的原则。

春季膳食

年之际在于春。经过一个冬季的封闭保藏，万物开始复苏，一年之中养生的重要时机由此开始。人和大自然有着微妙的关系。春季里，不仅大自然焕发着生机，人体的机能也在冬季结束后慢慢复苏，重新焕发生机和活力。这个时节正是促进生长和补充冬季缺失的营养的最佳时机。春季膳养应遵循养阳防风的原则。春季，人体阳气开始向上向外疏散，因此要注意保护体内的阳气，凡有损阳气的情况都应避免，而且人体的复苏需要一定的过程，切勿在初春就大量进补，要遵守循序渐进的原则。春天来了，那种等待了一个冬季的兴奋感油然而生。春季的山花烂漫绿草茵茵不只体现在大自然中，还应该积极地出现在家中的饭桌上，把春天的气息带给家人和朋友。在食材方面这时应该多选择应季的蔬菜，让绿色蔬菜唱主角，另外在排盘上也该多花一点儿心思。让在春季享受美食的家人赏心悦目、心情愉悦。

常说"春与肝相应"，意思就是说春季的气候特点与人体的肝脏有着密切的关系。春季肝气最旺，而肝气旺会影响脾，容易出现脾胃虚弱病征。如多吃酸味食物，就会使肝功能偏亢，所以春季饮食宜选择辛、甘、温之品，忌酸涩食品；饮食应该清淡可口，少吃油腻、生冷及刺激性食物。肝炎病人忌吃蛋黄，因为蛋黄中含有大量的脂肪和胆固醇，这些都需要在肝脏内进行代谢，因而多吃蛋黄会加重肝脏负担，不利肝脏功能恢复。春季饮食最重要的就是如何以食补肝。肝脏是人体的一个重要器官，它具有调节气血，帮助脾胃消化食物、吸收营养的功能，以及舒畅情志的作用。因此，春季养肝得法，将带来整年的安康。在五行学说中，肝属木，与春相应，主升发，在春季萌发、生长。因此，患有高血压、冠心病的人更应注意在春季养阳。且春季是细菌、病毒繁殖滋生的旺季，肝脏具有解毒、排毒的功能，负担最重，而且由于人们肝气升发，也会引起旧病复发，如春季肝火上升，会使虚弱的肺阴更虚，故肺结核病会乘虚而入。因而这个时节，保持人体健康，在饮食调理上应当注意养肝为先，在早餐或晚餐中可以进食一些温肾壮阳、健脾和胃、益气养血的保健粥，如鸡肝粳米粥、韭菜粳米粥、猪肝粳米粥等。

春季食补要点

春季饮食要根据个人体质进行选择：以清淡饮食、养阴润燥为原则。普通健康人群这时不主张大量进补。身体特别虚弱的人可以适量食用海参、冬虫夏草等补品。对于健康人群而言，春季饮食要清淡，不要过度食用干燥、辛辣等食物。可以适量吃一些猪肝，但一定要保证食材新鲜卫生。春季气温变化大，冷热刺激会使人体内的蛋白质分解加速，导致机体抵抗力降低，容易感染或者复发疾病，因而这时需要补充优质蛋白质食品，如鸡蛋、鱼类、鸡肉和豆制品等。春天是万物生长的季节，这时候是固本培元的最好的时机。有慢性病人的家庭，餐桌上一定要多供应绿色蔬菜，给予人体提供大量有机物和维生素。家中有孩子的，除此之外，还要多给孩子补充蛋白质。不要让孩子错失了生长发育的好时令。

以清淡饮食
养阴润燥为原则
春季饮食要清淡
不要过度食用干燥
辛辣的食物

春天，应少吃或不吃酸味食品，避免导致脾胃消化、吸收功能下降，影响人体健康。春季宜吃甜味食物，以健脾胃之气，如大枣，性味平和，可以滋养血脉，强健脾胃，既可生吃，又可做枣粥、枣糕，以及枣米饭。山药也是春季饮食佳品，有健脾益气、滋肺养阴、补肾固精的作用。山药既可做拔丝山药、扒山药、一品山药等甜菜，又可做山药蛋糕、山药豆沙包、山药冰糖葫芦、山药芝麻焦脆饼等风味小吃；还可做山药粥、山药红枣粥等。学会举一反三，让餐桌丰富起来，用简单的食材做出花样繁多的膳养菜品。

春季应该吃些什么呢？

在 经过漫长的冬季之后，我们较普遍地会出现多种维生素、无机盐及微量元素摄取不足的情况，如春季人们会多发口腔炎、口角炎、舌炎和某些皮肤病等，这些均是因为新鲜蔬菜吃得少而造成的营养失调。因此，春季到来，人们一定要多吃蔬菜，以当地和当季的蔬菜为主。春季也可多吃些野菜。野菜生长在郊外，污染少，如荠菜、马齿苋、蒲公英、车前草、榆钱、竹笋等。野菜吃法简单，可凉拌、清炒、煮汤、作馅，既营养丰富，保健功能又显著。

唐代名医孙思邈曾说："春日宜省酸，增甘，以养脾气。"意思是春天来临之时，人们要少吃点酸味的食品，多增加些甜味的饮食，这样做的好处是能补益人体脾胃之气。另外春季饮食要清淡。宜由冬季的膏粱厚味转变为清温素淡，应少吃肥肉等高脂肪食物，因为油腻的食物食后容易产生饱腹感，人体也会产生疲劳现象。春季饮食宜温热，忌生冷，胃寒的人可以经常吃点姜，以驱寒暖胃；有哮喘的人，可喝点生姜蜂蜜水，以润燥镇喘；有慢性气管炎的人，应禁食或少食辛辣食物。春季应多喝水，因为饮水可增加血循环，有利于养肝和代谢废物的排泄，可降低毒物对肝的损害。此外，补水还有利于腺体分泌，尤其是胆汁等消化液的分泌。春季饮香气浓郁的花茶，可有助于散发冬天积在体内的寒邪，促进人体阳气升发、气血通畅。

春季食补为先

春季食补自古重之，春季适时适量服用一些中药，可以调节机体，预防疾病。古人还有立春服"蔓青汁"的习俗，所以春季食补是不可忽视的。

官家食补一般采用能够益气补中益气、养阴柔肝、疏泄条达的药物，配以相应的食物来进行。在选用药物时应避免过于升散，也要避免过于寒凉。春季食补常用的药物有首乌、白芍、枸杞、川芎、人参、黄芪等，配用的食物有鸡肉（蛋）、鹌鹑（蛋）、羊肉、猪肉、动物肝、笋、木耳、黄花菜、香菇、鲫鱼等。常用的食补菜品有鹌鹑肉片、姜葱鲩鱼、首乌肝片、拌茄泥等。葱、香菜、花生等很香的食物，都很适合春季吃，因为它们都可以促进阳气升发。这些都可以合理运用到春季的膳养食谱里。药补是针对人体已明显出现气、血、阴、阳方面的不足，施以甘平的补药，以平调阴阳，

施以甘平的补药
以平调阴阳
祛病健身

祛病健身。对于体虚乏力，少气懒言，不耐劳累，经常感冒，容易出汗或内脏下垂等病征，药膳可选食黄芪党参炖鸡、人参蘑菇汤、参枣米饭、风栗健脾羹等。另外，选食具有开补作用的首乌肝片、燕子海参、人参米肚等以帮助补益肝气。

食补也需紧跟春天的脚步，春天是人体生理机能、新陈代谢最活跃时期。但春天乍暖还寒，气候很不稳定，是精神病患者易发病季节，一般人也可能会出现情绪不稳、多梦、思维活跃而难以集中精神，容易出现困倦乏力、精神不振等"春困"症状。尤其年老体弱多病者，对不良刺激承受能力差，春季常会多愁善感、烦躁不安。改变这种不良情绪最佳方式就是根据个人的体质状况和爱好，寻求各自的雅兴，以陶冶情操，舒畅情志，养肝调神。春暖花开时，可约上亲朋好友外出踏青赏柳、玩鸟或散步练功等，有利于人体吐故纳新，以化精血，充养脏腑。

那些属于春天的食物

第一样是春笋。笋有"蔬中第一珍"的美誉，民间也有"无笋不成席"之说。食之可以"利九窍、通血脉、化痰涎、消食胀"。现代医学证实，吃笋有滋阴、益血、化痰、消食、利便、明目等作用。春笋虽然营养价值高，但含较多粗纤维，大量食用后，很难消化，容易对胃肠造成负担，因而患有胃肠道疾病的人不可大量食用。患有尿道结石、肾结石、严重的胃及十二指肠溃疡、胃出血、肝硬化、食道静脉曲张、慢性肠炎、脾胃虚弱等疾病的患者都不宜多吃笋。

第二样是春饼。除口味好以外，春饼营养搭配也合理。老北京吃春饼时，习惯配上一小碗米粥，既养胃，又安神，干、稀搭配也有了，实在是妙！

第三样是春韭。春季的韭菜菜质柔嫩味香辛，食之能够温中行气、散血解毒、保暖、健胃。韭菜含有丰富的钙和铁元素，这两种元素对于骨骼、牙齿和预防缺铁性贫血有很大裨益。

第四样是春荠（荠菜）。春到人间，草木先知。立春后发出嫩芽的荠菜，既积蓄了整个冬天的能量，又带着一丝初生的活力。"时绕麦田求野菜"，这里的野菜就包括荠菜。荠菜历来是药食同源的佳品，其性味甘平，食之能够和脾、利水、止血、明目。荠菜脾气暴躁高血压患者食之可以舒缓情绪，平稳血压。荠菜还能刺激人的食欲，能够化食。

第五样是春鲫（鲫鱼）。春季的鲫鱼既鲜嫩又不肥腻，是一年当中最好吃的鲫鱼。食用鲫鱼可以健脾利湿、和中开胃、活血通络、温中下气。对于脾胃虚弱、水肿、溃疡、气管炎、哮喘、糖尿病等患者，食用鲫鱼可以有很好的滋补食疗作用。鲫鱼若过油煎炸，保健功效会降低很多。

第六样是香椿。香椿味苦，性寒，有清热解毒、利湿、利尿、健胃理气的功效。香椿有两类，一是紫香椿，幼芽绛红色，香味浓郁，品质佳；二是绿香椿，香味稍淡，品质稍次。两种香椿都属菜中佳品。香椿不宜生食，即使凉拌，食前也应用开水烫一下。

春季食补原则

原则一——养阳

春夏时节正是大自然气温上升、阳气逐渐旺盛之时，此时宜侧重于养阳，这样才能顺应季节变化。根据春天里人体阳气升发的特点，可选择平补和清补饮食，如选用温性食物进补。平补的饮食适合于普通人和体弱的人，如荞麦、薏苡仁、豆浆、绿豆、苹果、芝麻及核桃等。清补的饮食是指用食性偏凉的食材熬煮的饮食，如梨、藕、荠菜、百合等熬煮的汤水。

原则二——养阴

阴虚者及胃十二指肠溃疡病患者容易在春天发作，因而饮食上宜采用蜂蜜膳养法：将蜂蜜隔水蒸熟，饭前空腹服用，每日100毫升，一日3次；或用牛奶250毫升，煮开后调入蜂蜜50克、白芨6克饮用，这些均有养阴益胃之功效。阴虚内热体质者，可食用些大米粥、赤豆粥、莲心粥、青菜泥等，切勿食用太甜太腻、油炸多脂、生冷粗糙食物。

原则三——养脑

春天，肝阳上亢的人易头痛、眩晕，这就是中医所说的"春气者诸病在头"的原因。其饮食防治方法是，每天吃香蕉或橘子250～500克；或用香蕉皮100克与水煎代茶饮。

以上可以总结为每日三养吾身，普通人也可以用上官府膳养的秘诀，把饭桌上菜式的内涵不断提升，吃出健康吃出美。

「素食靜心」

制作时间 /60 分钟
烹饪时间 /3 分钟

凤尾西芹

芹菜含铁量较高，能平肝降压，食之能避免皮肤苍白、干燥、面色无华，而且可使目光有神，头发黑亮。

用料
西芹 250 克
去皮花生米 50 克

调料
味精 3 克
白醋 2 克
香油少许
姜汁 2 克
红醋 100 克
盐少许

做法
1. 将西芹去皮抽筋，用刀片成凤尾状泡入冰水中备用。
2. 将去皮花生米用凉水泡开，加入红醋泡好备用。
3. 将其他调料放在一起调成汁装入调料碗备用。
4. 将泡好的西芹装盘，放上泡好的花生米即可。

制作小贴士
西芹一定要去皮抽筋，这样才会爽脆，花生米要用红醋泡出来，这样不仅颜色好，降压效果更好。

制作时间 /15 分钟
烹饪时间 /5 分钟

薄饼养生菜

生菜中含有膳食纤维和维生素 C，食之可消除多余脂肪，故又叫减肥生菜。

用料
面粉 200 克
生菜 100 克

调料
甜面酱 100 克
海鲜酱 50 克
辣妹子 30 克

做法
1. 将面粉用 80℃的开水烫熟合成面团，下成箕子，
用擀面杖将其擀成薄饼。不粘锅上火加热，把擀好的薄饼放入不粘锅烙熟。
2. 将生菜洗干净，切成大小差不多的片状晾干备用，
3. 将甜面酱、海鲜酱与辣妹子和在一起制成酱。
4. 将制好的饼放入生菜刷上酱卷好装盘即可。

制作小贴士
1. 制饼时一定要用热水把面烫一下，这样制作出来的饼更加软和。
2. 生菜一定要洗净，晾干。

制作时间 /100 分钟
烹饪时间 /5 分钟

翡翠山药

山药具有健脾、补肺、固肾、益精等多种功效。并且对肺虚咳嗽、脾虚泄泻、肾虚遗精、带下及小便频繁等症，都有一定的疗补作用。

用料
铁棍山药 500 克
青豆 100 克
猪皮 500 克

做法
1. 将猪皮洗净切丝，加水 500 克上蒸笼蒸 60 分钟，取出挑出猪皮留汤备用。
2. 将铁棍山药去皮蒸熟打成泥，将青豆煮熟打成泥。
3. 将山药泥和青豆泥分别加入猪皮水和匀，分两层制成糕放凉切块装盘即可。

制作小贴士
青豆泥一定要煮出绿颜色，猪皮一定要洗净，这样蒸出来才会清澈、味美。

巧手玫瑰茉莉花

制作时间 /5 分钟
烹饪时间 /2 分钟

茉莉花甘，性凉，能祛燥湿、降火。
饮用茉莉花茶可以消除紧张情绪。

用料
玫瑰 6 片
茉莉花 100 克

调料
白醋 5 克
香油 3 克
白酱油 2 克
盐少许

做法

1. 将茉莉花洗净，晾干水分。

2. 将晾好的茉莉花加入调料轻拌。
垫上玫瑰花装盘即可。

制作小贴士
茉莉花必须要新鲜的，拌时要手轻，
注意拌时不能加太多的调料。

制作时间 /5 分钟
烹饪时间 /5 分钟

虫草花拌荷兰豆

荷兰豆能益脾和胃、生津止渴、和中下气、除呃逆、止泻痢、通利小便。 经常食用，对脾胃虚弱、小腹胀满、呕吐泻痢、产后乳汁不下、烦热口渴均有疗效。

用料
虫草花 50 克
荷兰豆 200 克

调料
白醋 2 克
香油 2 克
蒜油 3 克
盐少许

做法
1. 将荷兰豆切长丝沸水。
2. 将虫草花沸水。
3. 将沸过水的荷兰豆丝和虫草花一起加调料拌好装盘即可。

制作小贴士
荷兰豆必须完全煮熟后才可以食用，否则可能会中毒。

制作时间 /15 分钟
烹饪时间 /5 分钟

金瓜养生豆腐

嫩豆腐口感滑嫩，营养丰富，
老少皆宜，食用可益气和中，
生津润燥，清热解毒。

用料
金瓜 1 个
嫩豆腐 100 克
鸡汤 150 克

调料
鸡汁 3 克
菜心 1 棵
芥末油 2 克
盐少许

做法
1. 将金瓜洗净挖空，上蒸笼蒸十分钟，蒸熟备用。
2. 将豆腐切成 1.5 厘米见方的方块入开水中煮一下，捞出。锅中放入鸡汤，放入豆腐炖煮 3 分钟调味，淋水淀粉出锅，加入焯好水的菜心，装入蒸好的南瓜里面即可。

制作小贴士
可以淋一些芥末油，增加味道。

做法

1. 将山药洗净蒸熟，用模具制成圆柱形，中间挖空备用。

2. 红枣去核卷成卷穿进山药里面。

3. 将制好的山药切片，摆盘，浇橙汁即可。

山药对肺虚咳嗽、脾虚泄泻、
肾虚遗精、带下及小便频繁等
症，都有一定的疗补作用。

制作时间 /10 分钟
烹饪时间 /5 分钟

红心山药

用料

粗山药 300 克

红枣 50 克

橙汁 50 克

制作小贴士

1. 山药要选粗大的菜山药。

2. 山药一定要一次蒸熟才好。

制作时间 /5 分钟
烹饪时间 /10 分钟

灵丹寿果

蟠桃胶形似琥珀，亮似晶石，桃胶性味甘苦，平，无毒，主治石淋，血淋，痢疾。是蟠桃之精髓。黄桃主要是因为它含有的维生素C和纤维素，能延缓衰老，具有祛除黑斑养颜作用。其含人体所需的胡萝卜素和纤维素，能起到滋润眼睛明目的作用，适宜白内障患者食用。此菜品有活血益气，清虚热，增加人体免疫力，延缓衰老之功效，也是预防糖尿病的最佳食材。

用料
黄桃 400 克
蟠桃胶 2 克

调料
冰糖 2 克

做法
1. 将桃胶放入清水中浸泡至软涨，再仔细将泡软的桃胶表面的黑色杂质去除，用清水反复清洗后，加入冰糖，放笼锅蒸 10 分钟，晾凉备用。
2. 黄桃放入搅拌器打成浆状，装入盛具放入桃胶即可。

制作小贴士
蟠桃胶一定要洗干净，做好此菜品后最好放冰箱里冰镇一下，这样口味会更好。

做法

1. 将生菜、紫甘蓝、红彩椒、黄彩椒洗净掰成片。

2. 将小黄瓜、小番茄洗净切片。

3. 将花生米炸焦，将穿心莲洗净摘取嫩叶；

4. 将所有调料调在一起，把所有制作过的原材料放在一起拌匀装盘即可即可。

制作时间 /10 分钟
烹饪时间 /2 分钟

蔬菜搭配营养丰富，颜色鲜
艳，口味清爽。

巧手大拌菜

用料

生菜 50 克

紫甘蓝 50 克

红、黄彩椒 50 克

小黄瓜 50 克

花生米 30 克

小番茄 30 克

穿心莲 30 克

调料

红醋 5 克

白糖 3 克

芥末油 3 克

美极鲜味汁 5 克

盐少许

制作小贴士

做大拌菜蔬菜一定要新鲜，各种蔬
菜最好用手掰，拌时可加少许芥末。

紫背天葵

紫背天葵属药膳同用植物，既可入药，又是一种很好的营养保健品。其含有丰富的铁元素、维生素 A 原、黄酮类化合物及酶化剂锰元素，具有活血化瘀、解毒消肿等功效，对于儿童和老人具有较好的保健功能。特别需要指出的是，紫背天葵富含黄酮苷成分，可以延长维生素 C 的作用，减少血管紫癜。食用紫背天葵可提高人体抗寄生虫和抗病毒的能力，对肿瘤有一定的预防作用。此外，其对咳血、血崩、痛经、支气管炎、盆腔炎及缺铁性贫血等具有一定的疗养功效。在中国南方一些地区，人们更是把紫背天葵作为一种补血的良药，是产后妇女食用的主要蔬菜之一。

用料
紫背天葵 150 克

调料
生抽 5 克
陈醋 5 克
小米辣 3 克
芥末油 2 克
香油 2 克

做法
1. 将紫背天葵洗净摘净，改刀后装入餐具里面。
2. 将所有调料制成汁淋在紫背天葵上面即可。

制作小贴士
紫背天葵要选择嫩的，调制时要适量加入芥末味道更佳。

做法

1. 将萝卜皮洗净改刀，晾干。

2. 将小米辣切碎。

3. 将所有调料及改了刀的萝卜皮和小米辣放在一起腌制 48 小时，装盘即可。

制作时间 /48 小时
烹饪时间 /2 分钟

酱泡萝卜皮

萝卜皮能抗癌、养胃、益气，冬天吃最合适，尤其对于中老年人来说是很健康的食品。吃萝卜皮还可以化油腻、助消化。

用料
萝卜皮 300 克

调料
小米辣 20 克
酱油 10 克
白糖 10 克
老陈醋 5 克
一品鲜 10 克
盐少许

制作小贴士
萝卜皮薄厚要均匀，腌制时要常常翻动以便腌匀。

制作时间 /5 分钟
烹饪时间 /2 分钟

苦菊拌桃仁

苦菊属菊花的一种，又名苦菜、狗牙生菜，有抗菌、解热、消炎、明目等功效。
苦菊味略苦，颜色碧绿，可凉拌，是清热去火的美食佳品。

用料
鲜核桃仁 80 克
嫩苦菊 200 克

调料
白醋 5 克
白糖 2 克
香油 2 克
蒜茸 2 克
白酱油 3 克
盐少许

做法
1. 将苦菊洗净切段，

2. 将鲜核桃仁洗净和苦菊放在一起与调料一起拌匀装盘即可。

制作小贴士
苦菊要选择鲜嫩的、颜色嫩黄的口感好。拌菜时调料要按照油盐酱醋的顺序放制。

制作时间 /10 分钟
烹饪时间 /3 分钟

凉拌丝瓜蔓

丝瓜蔓和豌豆蔓的形状有点相似，都带有很多的须状物，纤维非常丰富，对润肠通便有很好的效果。另外还富含维生素 A、维生素 C、钙和磷等，热量非常低，作为减肥菜再合适不过。

用料
丝瓜蔓 200 克
枸杞 30 克

调料
木姜籽油 5 克
蒜茸 2 克
酱油 5 克
红醋 3 克
香油 3 克
盐少许

做法
1. 将丝瓜蔓洗净改刀，沸水。
2. 将沸水后的丝瓜蔓加入所有调料拌匀。
3. 将拌好的丝瓜蔓装盘。上面放上枸杞即可。

制作小贴士
丝瓜蔓选料时要选用嫩芽部分，拌菜时加入木姜籽油味道最佳。

做法

1. 将凉瓜洗净，切开一头，挖空中间凉瓜子。

2. 将鸭蛋黄用蒸箱蒸制 15 分钟，取出用刀剁碎，装进凉瓜里面，用筷子把蛋黄捣实

3. 将装过蛋黄的凉瓜放凉后切成片装盘。

4. 将剩余所有调料放在一起调成汁，装进小碗即可。

凉瓜蛋黄卷

制作时间 /20 分钟
烹饪时间 /5 分钟

凉瓜即苦瓜，具有清热消暑、养血益气、补肾健脾、滋肝明目之功效，对疗养痢疾、疮肿、热病烦渴、中暑发热、痱子过多、眼结膜炎、小便短赤等有一定的作用。但苦瓜性寒，脾胃虚寒者不宜多食。鸭蛋味甘，性凉，有大补虚劳、滋阴养血的功效。

用料
凉瓜 200 克
鸭蛋黄 150 克

调料
陈醋 5 克
酱油 5 克
蒜茸 5 克
红椒粒 3 克
香油 2 克

制作小贴士
鸭蛋黄要蒸熟，向凉瓜里面装时一定要是热的，不然切时蛋黄会散开。

制作时间 /5 分钟
烹饪时间 /3 分钟

巧拌香椿苗

香椿苗是时令名品，含香椿素等挥发性芳香族有机物，可健脾开胃，增加食欲。含有维生素 E 和性激素物质，有抗衰老和补阳滋阴的作用。香椿苗具有清热利湿、利尿解毒之功效，是辅助治疗肠炎、痢疾、泌尿系统感染的佳品。香椿苗的挥发性气味能透过蛔虫的表皮，使蛔虫不能附着在肠壁上而被排出体外，可用以治蛔虫病。香椿苗含有丰富的维生素 C、胡萝卜素等，食之有助于增强机体免疫功能，并有润滑肌肤的作用，是保健美容的好食材。

用料
香椿苗 150 克
鲜红椒丝 5 克

调料
白酱油 5 克
红醋 5 克
香油 2 克
蒜茸 10 克
盐少许

做法

1. 香椿芽洗净晾干水分。

2. 将所有调料放在一起调成汁，拌入香椿苗装盘即可。

制作小贴士
在洗香椿苗时不要狠揉。在拌菜时轻拌即可，以免把香椿苗揉烂出水。

做法

1. 将山药洗净去皮蒸熟，改刀切成圆片。

2. 醪糟上火煮开再放入山药片煮一会儿，关火后，让山药继续浸泡其中。

3. 装盘淋蓝莓酱即可。

制作时间 /10 分钟
烹饪时间 /10 分钟

蓝莓中的花青素能够延缓记忆力衰退和预防心脏病的发生，因此被人们视为超级水果。最近的研究又为超级水果再添美誉，多吃蓝莓或喝花青素饮料有助预防结肠癌的发生。

蓝莓山药

用料

菜山药 300 克
蓝莓酱 10 克
醪糟 100 克

制作小贴士

醪糟里不要加糖，山药片要在醪糟里泡泡。

制作时间 /25 分钟
烹饪时间 /8 分钟

冬瓜海鲜卷

冬瓜食之口感细腻，口味清淡，有利尿消肿的作用。

用料
冬瓜 500 克
新鲜海虾 180 克
金华火腿 25 克
干香菇 5 朵
香芹 25 克
胡萝卜 25 克

调料
水淀粉 1 汤匙
鸡精 3 克
油 5 毫升
盐少许

做法

1. 干香菇用温水泡发，去蒂，清洗干净泥沙，切成细丝备用。香芹和胡萝卜分别洗净，切成 6cm 长的细条。

2. 冬瓜去皮，洗净后切成 6cm 宽、10cm 长的薄片，均匀地撒上盐腌制 10 分钟，至冬瓜片变软。

3. 新鲜海虾挑去虾肠，剥去虾壳，虾仁清洗干净后放入滚水中汆烫熟，捞出，沿虾背对半切开。

4. 大火烧开蒸锅中的水，将金华火腿放入盘中，移入蒸锅蒸至熟软，取出，晾凉后切成 6cm 长的细条。

5. 大火烧开煮锅中的水，依次将胡萝卜条、香芹条、香菇丝放入滚水中汆烫熟，捞出，沥去水分。将汆烫熟的海虾虾仁、胡萝卜条、香芹条、香菇丝混合，加盐调味拌匀。

6. 取一片汆烫过的冬瓜片，在上面码上金华火腿条、胡萝卜条、香芹条、香菇丝和虾仁片，然后卷成卷，在表面薄薄地刷一层油。依次将所有材料卷成卷，并刷上油。

7. 将卷好的冬瓜卷整齐地码在盘中，将盘子移入蒸锅，大火蒸 5 分钟。

8. 取出盘子，将蒸出来的汁水倒入炒锅中，再加入水淀粉，大火煮成薄芡汁，淋在蒸好的冬瓜卷上即可。

制作小贴士

1. 切好的冬瓜片直接包裹材料很容易折断，用盐腌过，或者放入滚水中汆烫一下可以使其变软，这样就可以卷成卷了。

2. 火腿可事先蒸熟再切条。蒸火腿之前，在火腿皮上涂些绵白糖，这样火腿会容易蒸烂，味道也更鲜美。

3. 冬瓜切成薄薄的片，卷上各式蔬菜条、肉条，口感会非常清爽。冬瓜本身没有什么味道，最宜衬托出其他食材的味道。

竹荪泡爽脆

制作时间 /60 分钟
烹饪时间 /5 分钟

竹荪含有多种氨基酸、维生素、无机盐等，具有益气补脑、宁神健体、补气养阴、润肺止咳、清热利湿之功效。竹荪含有人体所必需的营养物质，食之能够提高机体的免疫力；此外，食用竹荪可以减少腹壁脂肪的积存，有俗称的"刮油"作用，可以降血压、降血脂和减肥。

用料
竹荪 50 克
西芹 50 克
胡萝卜 50 克

调料
小米辣 50 克　　　　姜片 5 克
白醋 20 克　　　　　盐少许

做法

1. 将竹荪泡开洗净切成 6cm 长的段，沸水备用。

2. 将西芹洗净去皮抽筋，切成 6cm 的长段，将胡萝卜洗净切成一样长短的段。

3. 将胡萝卜和西芹装入竹荪，泡入调料里面，上时装盘即可。

制作小贴士
此菜要泡够时间，口味才佳。

制作时间 /24 小时
烹饪时间 /30 分钟

卤水山核桃

核桃中所含的脂肪主要是不饱和脂肪酸，食后不但不会使胆固醇升高，还能减少肠道对胆固醇的吸收，因此，可作为高血压、动脉硬化患者的滋补品。此外，核桃中所含的微量元素锌和锰是脑垂体的重要成分，常食有益于脑的营养补充，有健脑益智作用。

用料
薄皮山核桃 300 克

调料
卤汤 1500 克
（卤汤料水 1500 克：盐 50 克、姜片 20 克、干辣椒 10 克、酱油 30克、花椒 30 克、八角 30 克、小茴香 20 克、白芷 10 克）

做法
1. 将山核桃洗净，用凉水泡 12 小时。用刀从中间劈开。
2. 将所有卤汤料放在一起小火煮 20 分钟。然后放入泡好的核桃再煮 20 分钟之后让核桃继续在卤汤中泡 12 小时，食用时装盘即可。

制作小贴士
1. 选择核桃一定要选大的薄皮山核桃，这样的山核桃肉多，好剥皮。
2. 核桃在卤汤里面要泡够时间味道才佳。

面皮卷三丝

制作时间 /30 分钟
烹饪时间 /10 分钟

面皮劲道，三丝鲜艳爽脆，该菜品适合中老年人食用，也适合高血压、糖尿病患者食用。

用料
面皮 3 张
胡萝卜 100 克
黄瓜 100 克
象牙白萝卜 100 克

调料
蒜茸 3 克
芝麻酱 5 克
陈醋 3 克
味精 1 克
生抽 1 克
香油 2 克

做法

1. 将萝卜和黄瓜洗净去皮切成细丝备用。

2. 将切好的细丝分别卷入面皮里面，改刀装盘。

3. 将所有剩余调料放在一起调成料汁，上桌时带上即可。

制作小贴士
三丝要切得粗细均匀，卷的时候要卷紧，以防散开。

制作时间 /30 分钟
烹饪时间 /5 分钟

千层豆干

豆腐皮营养丰富，不仅蛋白质、氨基酸含量高，据现代科学测定，还有铁、钙、钼等人体所必需的各种微量元素。儿童食用能提高自身免疫能力，促进身体和智力的发育。老年人长期食用可延年益寿。产妇食用既能快速恢复体能，又能增加奶水。豆腐皮还有易消化、吸收快的优点，是一种妇、幼、老、弱皆宜的食用佳品。

用料
千张 300 克

调料
卤水 1000 克
（卤水料：八角 20 克、干辣椒 10 克、上等鸡汤 100 克、生抽 50 克、盐少许）

做法
1. 将卤水提前加热煮 20 分钟，放入千张卤 10 分钟入味。
2. 捞出千张叠放平铺数层压实，放凉后切块装盘即可。

制作小贴士
卤汤必须用上等鸡汤调制，这样汤有黏性豆腐皮容易压实。

制作时间 /20 分钟
烹饪时间 /5 分钟

巧吃三丝

姜丝脆香，食用能够驱逐身体寒气；青木瓜又称万寿瓜，是未成熟的番木瓜，是抗病保健佳果。青木瓜含水分90%，糖5%～6%，以及少量的酒石酸、枸橼酸、苹果酸等。木瓜内还含有丰富的木瓜酵素、木瓜蛋白酶、凝乳蛋白酶、胡萝卜素、蛋白质、钙盐、苹果酸、柠檬酶和维生素A、B、C及矿物质钙、磷、钾等；并富含17种以上氨基酸及多种营养元素。

用料
青木瓜 80 克
萝卜苗 50 克

调料
大姜 50 克
澄面 50 克
吉士粉 20 克
陈醋 5 克
生抽 3 克
香油 2 克
蒜茸 3 克
盐少许

做法
1.将木瓜切成细丝拌入澄面，上茏蒸3分钟，出笼晾凉后加调料拌好装盘；

2.将姜切长细丝拌入吉士粉入130℃的油锅中慢火炸熟，捞出装盘；

3.将萝卜苗洗净加调料拌好装盘。

制作小贴士
炸姜丝时注意好油温，不能炸老，炸焦即可。

制作时间 /5 分钟
烹饪时间 /3 分钟

秋菊茴香苗

茴香苗是营养很丰富的蔬菜之一。它的胡萝卜素和钙的含量很高，维生素 B1、B2、C、PP 和铁的含量也比较高。它所含的主要成分有茴香油，能刺激胃肠神经血管，促进消化液分泌，增加胃肠蠕动，排除积存的气体，有助于健胃、行气。

用料
茴香苗 150 克
鲜菊花 50 克

调料
白醋 4 克
香油 2 克
盐少许

做法
将茴香苗洗净，切成 3cm 的长段，菊花洗净和茴香苗放在一起，加入调料拌匀装盘即可。

制作小贴士
菊花要新鲜，茴香苗要挑选鲜嫩的。

做法

1. 将木耳洗净摘净，沸水。将小米辣切成米椒圈。

2. 将所有调料放在一起调成汁泡入木耳，装盘即可。

黑木耳具有益气强身、滋肾养胃、活血等功能，它能抗血凝、抗血栓、降血脂、软化血管，帮助血液流动通畅，减少心血管病发生。黑木耳还有较强的吸附作用，经常食用有利于及时排出体内垃圾。

制作时间 /10 分钟
烹饪时间 /3 分钟

鲜露汁泡木耳

用料

水发木耳 150 克

小米辣 30 克

调料

辣鲜露 5 克

老陈醋 5 克

蒜片 5 克

香油 2 克

白糖 5 克

盐少许

制作小贴士

木耳要洗净，拌时调料要合适，

醋不能少。

制作时间 /5 分钟
烹饪时间 /2 分钟

一品鲜虾豆腐

豆腐不仅味美，还具有养生保健的作用。豆腐，味甘性凉，入脾胃大肠经，具有益气和中、生津解毒的功效。并解硫磺、烧酒之毒。这些，都陆续为现代营养学所肯定。比如，豆腐确有解酒精毒的作用；豆腐还可消渴，是糖尿病人的优佳选择。

用料
嫩豆腐 100 克
香葱 20 克
虾仁 20 克

调料
酱油 3 克
香油 3 克
盐少许

做法
1. 将嫩豆腐用模具制成形，上蒸笼蒸一下。
2. 虾仁沸水，香葱切成葱花，备用。
3. 将豆腐装盘，放上虾仁和葱花，淋汁即可。

制作小贴士
豆腐要蒸一下，这样豆腐会更加劲道，味美。

制作时间 /5 分钟
烹饪时间 /3 分钟

养生拌秋葵

秋葵含有果胶、牛乳聚糖等，具有帮助消化、保护皮肤、胃黏膜之功效，被誉为人类最佳的保健蔬菜之一。秋葵含有特殊的具有药效的成分，能强肾补虚，对男性器质性疾病有辅助治疗作用，享有"植物伟哥"之美誉。

用料
秋葵 150 克

调料
酱油 10 克
陈醋 4 克
芥末油 2 克
香油 2 克
辣鲜露 3 克

做法
1. 将秋葵洗净切掉两头，入沸水锅中沸 2 分钟冲凉备用。
2. 将秋葵装入盘中。
3. 将所有调料放在一起调成汁淋在秋葵上即可。

制作小贴士
秋葵要挑选嫩的，沸水时注意好火候以减少秋葵的营养流失。

做法

1. 将铁山药棍、老南瓜、西芹分别切成菱形粒状。

2. 把青苹果切开，中间挖空备用。

3. 把所有辅料放入开水锅中沸一下。然后在铁锅中放入橄榄油，放入沸好的原料翻炒，加入调料，
最后淋上水淀粉翻炒出锅即可。

美国流传一种说法："每天一
个苹果，医生远离我。"此话
虽然有些夸张，但苹果的营养
价值和药用价值由此可以窥见
一斑。而青苹果又因为所含营
养既全面又易被人体消化吸
收，所以非常适合婴幼儿、老
人和病人食用。

用料

青苹果一个

铁棍山药 30 克

西芹 20 克

红腰豆 5 颗

老南瓜 30 克

银杏 3 颗

调料

水淀粉 5 克

橄榄油 10 克

盐少许

制作小贴士

青苹果要用淡盐水泡一下，这样不会
变色。

制作时间 /5 分钟
烹饪时间 /2 分钟

青苹果时蔬

制作时间 /20 分钟
烹饪时间 /3 分钟

醋泡满口香

醋与花生的搭配可谓是"天仙配"了，花生米富含人体所需要的不饱和脂肪酸，但脂类含量高、热量大、有油腻感，而醋中的多种有机酸恰是解腻又生香的，因而两者相配，不仅口味佳，而且各自营养价值还能被更大发挥。

用料
去皮花生米 80 克
带皮红花生米 80 克

调料
红醋 60 克
陈醋 20 克
湛江香醋 40 克
蚝油 10 克
白糖 40 克
生抽 20 克
柠檬一片
蜂蜜 20 克

做法
1. 将去皮花生米用水泡开，加入红醋泡制。
2. 将红皮花生米入油锅炸焦。
3. 将剩余调料混合一起调成汁把炸好的花生米泡入里面。
4. 将两种泡制的花生米分别盛入餐具即可。

制作小贴士
花生米最好自己去皮，这样味道更佳，也更适宜高血压患者食用。

制作时间 /10 分钟
烹饪时间 /3 分钟

一品菠菜糕

菠菜茎叶柔软滑嫩、味美色鲜，含有丰富维生素 C、胡萝卜素、蛋白质，以及铁、钙、磷等矿物质。菠菜中所含的胡萝卜素，能在人体内转变成维生素 A，食之对人的眼睛具有一定的保护作用。

用料
菠菜 260 克
黄米 30 克

调料
白酱油 3 克
香油 3 克
盐少许

做法
1. 将菠菜洗净改刀沸水.
2. 将黄米加水上笼蒸熟备用,
3. 将沸过水的菠菜挤干水分，加入调料拌匀。
4. 将拌好的菠菜同蒸熟的黄米一起装盘即可。

制作小贴士
菠菜沸水时要注意火候，不能沸老，拌好的菠菜要挤干水分，以免出汁。

做法

1.将红萝卜、西兰花、皮蛋、鲜核桃仁分别洗净剁碎备用。

2.将鱼冻加热滑开。

3.将西兰花、红萝卜沸水。

4.将四种原材料分别加入鱼冻，分层冻好。

5.将所有调料兑成汁，将鱼冻切好摆盘即可。

多种蔬菜搭配营养更合理。

制作时间 /120 分钟
烹饪时间 /5 分钟

四喜水晶冻

用料
红萝卜 100 克
西兰花 100 克
皮蛋 100 克
核桃仁 100 克
鱼冻 200 克

调料
陈醋 3 克
蒜茸 2 克
香油 2 克
盐少许

制作小贴士
放入冰柜冻时，要看好冰柜温度
不要冻得太狠。

夏季膳养

属于夏天的食物

夏季是阳气最盛的季节。此时气候炎热，人体新陈代谢旺盛，阳气外发，伏阴在内，气血运行加快，人体的各个部位都需要大量的能量来补给。夏季重在精神调适，应保持愉快而稳定的情绪，饮食宜清淡，切忌过于油腻，避免以热助热，火上烧油。

夏季膳食

夏季是阳气最盛的季节。此时气候炎热，人体新陈代谢旺盛，阳气外发，伏阴在内，气血运行加快，人体的各个部位都需要大量的能量来补给。夏季重在精神调适，应保持愉快而稳定的情绪，饮食宜清淡，切忌过于油腻，避免以热助热，火上烧油。夏天吃饭容易没有食欲，无论多么精美的菜式，在夏天似乎都要受到冷遇。主妇们夏天在没有空调的厨房里汗流浃背地做菜，结果端出来全家人却都没有食欲，她们做菜的热情会大大地降温。这样的恶性循环在夏季可谓处处可见。那怎么样才能既让家人吃得好又让自己身心愉悦呢？做对的食物才是正确之道。

夏季食补要点

夏季染病，大都当即发作，故有"六月债，还得快"之说。但有一种病有潜伏期，到秋季才发作，如果延至冬季就很严重了！这就是"心病"。也即《黄帝内经》所说的"此夏气之应，养长之道也。逆之则伤心，秋为痎疟，冬至重病"。但必须说明的是这里说的"心病"，并非是指现代医学上的"心血管病"，而是指精神方面的有关"神志、情志"的病（古书上所提及的"心"，实际上是相当于今天人们常说的"精神"）。夏季"火旺（夏主心，夏天心火很旺）、土相（脾胃处于'盛'的地位）、木休（肝处于相对的'休养'状态）、水囚（肾易'亏'）、金死（肺易'虚'）"。心"火"一"旺"，"火克金"，所以容易造成"肺（金）虚"；本是"肾水"克"心火"，而"心火"很"旺"时，就容易出现"心火"对"肾水"的"反侮"现象，故"肾水"易"亏"。对于一般人来说，在夏天，防止"肺虚肾亏"很容易接受，而对于正处于很"旺"地位的"心"是否要重点保养，就往往容易掉以轻心了。

夏季食补原则

原则一——健脾除湿

湿邪是夏天的一大邪气，加上夏日脾胃功能低下，人们经常感觉胃口不好，容易腹泻，出现舌苔白腻等症状，所以夏季应常服健脾利湿之物。一般多选择健脾化湿之品，如藿香、莲子、佩兰等。

原则二——清热消暑

夏日气温高，暑热邪盛，人体心火较旺，因此常用些具有清热解毒清心火作用的药物，如菊花、薄荷、金银花、连翘、荷叶等来祛暑。

原则三——补养肺肾

按五行规律，夏天心火旺而肺金、肾水虚衰，要注意补养肺肾之阴。可选用枸杞子、生地、百合、桑葚以及收肺气药，如五味子等，可防出汗太过，耗伤津气。

原则四——冬病夏治

所谓冬病夏治，即夏天人体和外界阳气盛，用内服中药配合针灸等外治方法有益于一些冬天好发的疾病。如用鲜芝麻花常搓易冻伤处，可预防冬季冻疮；用药膏贴在穴位上，可有益于冬季哮喘和鼻炎。

通过这些原则，我们顺应天时，多利用时令食材做菜，或者在夏季多做一些凉拌菜来促进食欲。

夏季应该吃些什么呢？

夏天，于养心安神有益的食材有茯苓、麦冬、小枣、莲子、百合、竹叶、柏子仁等。夏日里应多吃小米、玉米、豆类、鱼类、洋葱、土豆、冬瓜、苦瓜、芹菜、芦笋、南瓜、香蕉、苹果等，少吃动物内脏、鸡蛋黄、肥肉、鱼子、虾等，以及过咸的食物，如咸鱼、咸菜等。

以下四种夏日常见护心瓜果，建议可以多多食用。

西瓜：除烦止渴、清热解暑。适用于热盛伤津、暑热烦渴、小便不利、喉痹、口疮等症。冰镇西瓜在夏季很受欢迎，可西瓜也不适宜太冰，适度就好。糖尿病人最好食用西瓜的内皮，不要多食瓜肉，因为西瓜的含糖量过高。

黄瓜：皮绿汁多脆嫩鲜美，含水量约为 97%，是生津解渴的佳品。鲜黄瓜有清热解毒的功效，对除湿、滑肠、镇痛也有明显效果，夏季便秘者宜多吃。用黄瓜做凉菜最为常见，直接拍一个黄瓜放点调料就是一道不错的夏季菜品。

桃：生津、润肠、活血、消积。适用于烦渴、血淤、大便不畅，小便不利，胀满等症。每日午、晚饭后食用两个最宜。俗话说"桃养人、杏伤人"，多吃桃子的确有益身体，《西游记》中蟠桃宴上的蟠桃是能让神仙们吃了长生不老的。可见，在传统文化中，桃是不可多得的瓜果佳品。

苦瓜：味苦性寒，老瓜逐渐变黄红色。苦瓜具有除热邪、解劳乏、清心明目的作用，工作劳累的人可以多吃些。苦瓜虽有苦味，但是可以在烹饪的过程中减少这种苦涩。比如和水果一起拌沙拉，和鸡蛋一起炒等方法都可以减低苦瓜的苦味。

夏季要以清补为主，如果夏季里菜馆还推荐乌鸡、老母鸡汤这样温补的汤，就很不合时宜了，此时喝汤应选择鸭汤或鸽子汤。夏季如果想吃羊肉火锅，最好加入一些凉性的配料或配菜，以中和羊肉的温热之性。

古人云："安身之术，必资于食"。先人之话甚有道理，食疗汤水可以帮助我们安度暑夏。现在介绍三种适宜夏天饮用的汤给大家：

冬瓜绿豆汤。民谚：夏喝绿豆汤，冬煮银耳汤。绿豆糖水是夏天最经典的消暑饮料，绿豆具有很高的药用价值，所含的蛋白质几乎是粳米的3倍，李时珍称之"济世之食谷，菜中佳品"。夏天喝绿豆汤可防治中暑、目赤、喉痛、痱子、便秘、尿赤、烦渴等症。鲜冬瓜味甘性淡，能清热解暑；干绿豆性味甘凉，能清凉解毒、消暑利水；红糖甘甜，能解毒润燥，因而三种食品合用既可清热解暑、除烦止渴，又清甜可口。

昆布海带猪脊骨汤。昆布海带煲猪脊骨口味清淡，具有清热消滞、利湿除烦的功效，在暑湿之际既清泻又营养，同时亦可辅助治疗高血压、单纯性甲状腺肿等。昆布性寒味咸，入肺、胃经，具有清热消痰、软坚散结，降血压的功能；海带亦性寒味咸，入肝、胃经，具有清热软坚、清血利尿、散瘿瘤结气和项下硬结的功能；黄豆、猪脊骨既为药引，又能去除昆布、海带的寒气。黄豆性平味甘，既补益身体又有解热毒和消暑气的功效；猪脊骨性平味甘，具补阴益髓之功。合而为汤，既清热除烦、祛湿利尿又补益身体。

西洋参煲水鸭汤。西洋参是暑热伤气之清补佳品，能益气养阴、清火生津。水鸭乃长年生长于水面之血肉有情之物，能滋阴补血、益胃生津、补而不燥，特别适合湿热、虚火过重之人食用，被誉为"补虚劳的圣药"。桂圆肉乃补益气养颜之妙品，可以养血、宁心。三种食品配合有益气生津、宁心养血、除烦的功效。本汤对于在暑热天气里自我感觉疲劳乏力、汗出过多、口干口渴、精神不适的人甚为适宜。

夏季饮食小贴士

食应注意节气变化，顺应天时而食，但也不能过于教条，适度调整即可。

以下这些夏季饮食建议可根据个人需要自行选择听取。

多吃瓜类 / 夏季气温高，人体丢失的水分多，须及时补充水分。蔬菜中的水分，是经过多层生物膜过滤的天然、洁净且具有生物活性的水。瓜类蔬菜含水量都在 90% 以上。所有瓜类蔬菜都具有降低血压、保护血管的作用。

多吃凉性蔬菜 / 吃些凉性蔬菜，有利于生津止渴，除烦解暑，清热泻火，排毒通便。瓜类蔬菜除南瓜属温性外，其余如苦瓜、丝瓜、黄瓜、菜瓜、西瓜、甜瓜都属于凉性蔬菜。另外番茄、芹菜、生菜等也都属于凉性蔬菜。

多吃"杀菌"蔬菜 / 夏季是人类疾病尤其是肠道传染病多发季节。多吃些"杀菌"蔬菜，可预防疾病。这类蔬菜包括：大蒜、洋葱、韭菜、大葱等。这些葱蒜类蔬菜中，含有丰富的植物广谱杀菌素，对各种球菌、杆菌、真菌、病毒有杀灭和抑制作用。其中，作用最突出的是大蒜，最好生食。

夏日的膳食调养，应以低脂、低盐、多维生素且清淡食物为主。夏季人容易出汗多，食欲不好，这时可提供各种营养保健粥来开胃，调理身体，如早、晚可以食粥，午餐喝些汤，这样既能生津止渴、清凉解暑，又能补养身体。在煮粥时加些荷叶（称荷叶粥），粥中略有苦味，可醒脾开胃，有消解暑热、养胃清肠、生津止渴的作用。在煮粥时加些绿豆或单用绿豆煮汤，有消暑止渴、清热解毒、生津利尿等作用。干扁豆泡透与大米同煮成粥，能清暑化湿、健脾止泻。此外，红小豆粥、薄荷粥、银耳粥、苦瓜粥都是夏季的好饮食。

同时，还要注意补充一些营养物质：

（1）补充维生素，可多吃些如西红柿、青椒、冬瓜、西瓜、杨梅、甜瓜、桃、梨等新鲜果蔬；

（2）补充水和无机盐，特别是要注意钾的补充，豆类或豆制品、水果、蔬菜等都是钾的很好来源。多吃些清热利湿的食物，如西瓜、苦瓜、桃、乌梅、草莓、西红柿、黄瓜等都有较好的消暑作用；

（3）适量地补充蛋白质，如鱼、瘦肉、蛋、奶和豆类等都是优质蛋白质来源。

夏季食补饮食禁忌

5月5日，立夏一过，就意味着炎夏即将来临，清热消暑自是成了重中之重，但同时，还要吃对东西，以免伤了脾肺之气。根据季节的不同和身体的营养需要，将平日里的一日三餐转变成一种养生健身的方式。

少吃多餐 / 一顿饭吃的东西越多，为了消化这些食物，身体产生代谢热量也就越多，特别注意少吃高蛋白的食物，它们产生的代谢热量尤其多；

补充盐分和维生素 / 营养学家建议：高温季节最好每人每天补充维生素 B1、B2 各 2 毫克，维生素 C50 毫克，钙 1 克，这样可减少体内糖类和组织蛋白的消耗，有益于健康。也可多吃一些富含上述营养成分的食物，如西瓜、黄瓜、番茄、豆类及其制品、动物肝肾、虾皮等，亦可饮用一些果汁。

不可过食冷饮和饮料 / 气候炎热时适当吃一些冷饮，能起到一定的祛暑降温作用。冰糕多是用牛奶、蛋粉、糖等制成的，不可食之过多，过食会使胃肠温度下降，引起不规则收缩，诱发腹痛、腹泻等疾患。雪糕、冰砖等这些都是小孩子们的最爱，而且孩子吃起冷饮来是最不知道节制的，家长更要控制好吃冷饮的数量。饮料品种较多，大都营养价值不高，还是少饮为好，多饮会损伤脾胃，影响食欲，甚至可导致肠胃功能紊乱。不如家里自制的鲜榨果汁健康。

勿忘补钾 / 热天防止缺钾最有效的方法，是多吃含钾食物，新鲜蔬菜和水果中含有较多的钾，可酌情吃一些草莓、杏子、荔枝、桃子等水果；蔬菜中的青菜、大葱、芹菜、毛豆等含钾也丰富。茶叶中亦含有较多的钾，热天多饮茶，既可消暑，又能补钾，可谓一举两得。

讲究饮食卫生 / 膳食最好现做现吃，生吃瓜果要洗净消毒。在做凉拌菜时，应加蒜泥和醋，既可调味，又能杀菌，而且增进食欲。饮食不可过度贪凉，以防病原微生物趁虚而入。

暑天宜清补 / 热天以清补、健脾、祛暑化湿为原则。应选择具有清淡滋阴功效的食品，诸如鸭肉、鲫鱼、虾、瘦肉、食用蕈类（香菇、蘑菇、平菇、银耳等）、薏米等等。此外，亦可进食一些绿豆粥、荷叶粥、薄荷粥等"解暑药粥"，有一定的驱暑生津功效。像扁豆汤、绿豆汤这样的传统冷饮，大家也可以试着在家里多做一做。传统的食物往往集结了古人上千年的实践和智慧，多是膳养健康的。如今的孩童很多都没有尝试过父母小时候吃的东西，把这些传统的冷饮传承下去，也很有意义。

苦味食物不能少

许多人认为苦味食物算不上美味，不过它却是夏日的健康食品。苦味食物中所含的生物碱具有消暑清热、促进血液循环、舒张血管作用。

苦味食物中所含的生物碱具有消暑清热、促进血液循环、舒张血管等药理作用。三伏天气里吃些苦味食物，或饮用一些啤酒、咖啡等苦味饮料，不但能清除人的烦恼、提神醒脑，还可以增进食欲、健脾利胃。

但是，吃苦味食物也要因人而异。一般说来，老人和小孩的脾胃多虚弱，故不适宜过多食用苦味食物。患有脾胃虚寒、脘腹冷痛、大便溏泄的病人不宜食用苦味食物，否则会加重病情。

蔬菜水果是良药

炎夏人体新陈代谢加快，容易缺乏各种维生素。此时，可选择一些富含维生素和钙的食物，如西瓜、黄瓜、番茄、豆类制品、动物肝肾等，也可以饮用一些果汁，如橙汁、柠檬汁、番茄汁等既可补充维生素，还可帮助消化、健脾开胃、提高食欲。

此外，出汗多也会导致体内的钾离子丧失过多，具体的症状是人体倦怠无力、食欲不振。新鲜蔬菜和水果中含有较多的钾，因此可酌情吃一些桃、李等水果，而蔬菜中的青菜、大葱、芹菜、毛豆等含钾也很丰富。

夏天吃辣就对了

夏季，许多人饮食不规律，要么厌食，要么暴饮暴食，而且很容易吃多生冷的食物，这些都是不利于身体健康的。夏天可以吃一些辛辣食物，辛辣食物可以刺激口腔内的热量接收，提高血液循环，促使大量出汗，从而帮助身体降温。一般人认为夏天热，不能吃辛辣的食物，其实不然，夏天人体毛孔张开，最容易感受外邪，辛味是发散的，能帮助我们祛除表邪，不让它们停留在体内作怪。夏季热，人体的阳气都浮在表面，脾胃相对是寒的，这时候吃点辛辣的，不仅能够开胃，还能帮助人体散热。

从五行生克来讲，夏天属火，火克金，也就是克肺，肺主皮毛，肺气受制，就容易外感病邪。辛味入肺，能助肺气，发散解表。辛属金，金生水。所以辛味也能补肾。辛为阳金，补的是肾阳。肾阴的人，也就是夜里盗汗、总觉得手心脚心发热的人，就不要多吃辛味了。而肾阳虚的人，也就是体质虚寒，手脚冰凉、特别怕冷的人，可以用辛味来补。辛味在三餐中，以调料居多。各种香辣调料，像葱、姜、蒜、胡椒、辣椒、大料、陈皮等都带有辛味。不吃辣的人，只要在烹饪中放少许就可以达到效果。

夏季食补小贴士

炎热的盛夏季节，人们往往会大量排汗，这样随着汗液的大量排出，体内的电解质成分特别是盐分也会随着汗液的排泄而大量蒸发，此时，如果不及时补给，体内正常代谢即会发生紊乱。因此，在炎炎夏日，要适当的补充水分，以保持人体水分的平衡，但要科学的补水，过多的摄入水分或者摄入的水分过少，对我们人体都极为不利。如果我们摄入的水量过多，则会造成更多的出汗，超出的汗量，往往不是以汗的形式排出，而是以尿的形式排出体外，这对我们身体的正常散热及体温的正常调节都极为不利，而且会增加心脏的负担，加重肾脏的负荷。另外补盐要讲究。在盛夏的酷热季节，我们大量排泄汗液的同时，往往会将体内的无机盐以汗液的形式排出，其主要成分为氯化钠，也就是我们平常所食用的食盐的成分。所以要适时补充食盐，但需要提醒大家的是，长期无目的地补充盐分，会带来严重的不良后果。

「鮮活滋味」

雪蛤鲜虾豆腐

制作时间 /30 分钟
烹饪时间 /5 分钟

雪蛤油最主要的成分为蛋白质，只有 4% 为脂肪，而且还是不含胆固醇的优质脂肪酸，具有强身健体，美容养颜的功效，有人将雪蛤油的美容作用跟燕窝相提并论，两者都有益于使皮肤细致漂亮。另外雪哈生长在寒冷的长白山区，表面有一层厚厚的极富养分的油膏，有防寒作用，服用有抗衰老作用。

用料
鲜虾仁 50 克

调料
黄豆 100 克
豆腐王 3 克
胡萝卜汁 100 克
鸡汤 50 克
雪蛤 20 克

做法
1. 将黄豆泡开加水打成豆浆。
2. 将豆浆和鲜虾仁放在一起，放豆腐王制成鲜虾豆腐。
3. 将雪蛤用水泡软，洗净，上笼蒸 25 分钟备用。
4. 将胡萝卜汁加入高汤调味炖入鲜虾豆腐，豆腐上面放上雪蛤。
5. 将炖好的鲜虾豆腐装入餐具里面，剩余的汁勾流水芡淋明油浇在上面即可。

制作小贴士
在制作鲜虾豆腐时，虾仁要打碎，需要与豆腐彻底融在一起。
豆腐王又叫葡萄糖酸内酯，可使豆腐形成块状，超市里能够买到。

制作时间 /30 分钟
烹饪时间 /10 分钟

白雪藏龙

龙虾肉的蛋白质中，含有较多的原肌球蛋白和副肌球蛋白。因此，食用龙虾有助补肾、
壮阳、滋阴、健胃，对提高运动耐力也很有价值。

用料

龙虾 1 只

蛋清 10 个

蛋黄 10 个

西兰花 100 克

芥蓝 20 克

调料

虾子酱 5 克

清汤 20 克

水淀粉 5 克

盐少许

做法

1. 将龙虾杀好取肉，龙虾壳入油锅炸熟，龙虾肉片成薄片备用。

2. 将蛋清加水打匀放入盘子里面蒸成芙蓉状。

3. 将蛋黄打散入油锅中炸成蛋松备用。

4. 将西兰花沸水，芥蓝切成片沸水。

5. 依次将上述原料摆在芙蓉上面。

6. 将龙虾肉加入少许蛋清和水淀粉入开水锅中沸水，然后加入清汤盐勾
水淀粉滑炒出锅装入盘中即可。

制作小贴士

龙虾肉要提前腌制一下，滑炒时要小火，不要把龙虾肉炒老。

制作时间 /20 分钟
烹饪时间 /10 分钟

酸辣鱼肚

鱼肚营养价值很高，含有丰富的蛋白质、脂肪，以及黏性胶体高级蛋白和多糖物质。对腰酸背痛、风湿性腰背痛、胃病、肺结核、百日咳、呕血、再生性障碍贫血、气管炎及产妇血崩和产后腹痛等症有很好的食疗作用。

用料
水发鱼肚 150 克

调料
鲜辣椒汁 10 克
干辣椒丝 5 克
葱、姜片 4 克
白醋 6 克
盐少许

做法
1. 将水发鱼肚沸水。
2. 将锅中加油，放入葱、姜、干辣椒丝翻炒，再放入鱼肚加鲜辣椒汁调味，烹入白醋即可。

制作小贴士
放入鲜辣椒汁后菜品颜色鲜红，味道清香。

制作时间 /50 分钟
烹饪时间 /5 分钟

黑芝麻芝士
烤鳕鱼

鳕鱼低脂肪、高蛋白，刺少，是老少皆宜的营养食品。鳕鱼具有高营养、低胆固醇、易于被人体吸收等优点。鳕鱼鱼脂中含有球蛋白、白蛋白及磷的核蛋白，还含有儿童发育所必需的各种氨基酸，其比值和儿童的需要量非常相近，又容易被人消化吸收，是不错的营养佳品。

用料

银鳕鱼 50 克

胡萝卜丝 10 克

调料

葱段 30 克

橄榄菜 5 克

芥辣酱 3 克

沙拉酱 3 克

黑芝麻 2 克

鸡蛋黄 5 克

芝士粉 5 克

做法

1. 将银鳕鱼改刀成 1.2 寸的方块，用盐、葱、姜、料酒腌制 40 分钟。

2. 将腌制好的银鳕鱼表面刷上蛋黄撒上黑芝麻和芝士粉垫上葱段放入 260 ℃的烤箱里面烤 5 分钟至表面金黄即可。

2. 将胡萝卜丝洗净沸水放入盘子中间，将其余酱料依次摆在盘子中间，胡萝卜丝上面放上烤好的银鳕鱼即可。

制作小贴士

烤鳕鱼烤箱温度要调至 260° C，这样烤出的鳕鱼外焦里嫩，味鲜带汁。

制作时间 /30 分钟
烹饪时间 /10 分钟

辽参满家喜

李时珍《本草纲目》记载："煮粥食，食益丹田，补虚损，补开肠胃。"辽参和小米中含有大量的氨基酸、维生素、铁等微量元素。另外辽参中的胆固醇含量几乎为零，对高血压、冠心病、血管硬化等有一定的补益作用，有"参中参"的美称，且消化吸收率高，能够为人体提供更为全面的营养。

用料
山西小米 30 克
辽参 1 只
鸡汤 250 克
菜胆 1 棵

调料
枸杞 1 个
葱姜 5 克
盐少许

做法
1. 将辽参洗净去内脏放入锅中沸水，葱、姜炒黄加入高汤调味放入辽参备用。
2. 将小米加水熬成小米粥，熬熟后兑入鸡汤调味装入餐具，然后放入烧好的辽参。
3. 菜胆、枸杞沸水放在辽参上面即可。

制作小贴士
辽参要选择低温泡的方法才更加入味，小米要选择山西小个子小米，熬煮出来更香浓。

制作时间 /20 分钟
烹饪时间 /10 分钟

一帆风顺
多宝鱼

多宝鱼能祛脂降压，软化和保
护血管，有降低人体中血脂和
胆固醇的作用。多宝鱼还能明
目，提高眼睛的抗病能力和预
防夜盲。多宝鱼还有益于中和
胃酸，缓解胃痛。

用料
多宝鱼 1 条
彩椒片 50 克
甜蜜豆 30 克

调料
水淀粉 5 克
盐少许

做法
1. 将多宝鱼整个剔骨去肉，拍粉后放入油锅中炸至焦酥装盘。
2. 将多宝鱼片成片，入水中氽水。
3. 将彩椒片和甜蜜豆沸水。
4. 将氽过水的多宝鱼片同彩椒片和蜜豆一起滑炒加入调料，淋
　 水淀粉装入炸好的多宝鱼骨上即可。

制作小贴士
炸多宝鱼骨要小火慢炸，炸至
焦酥，配上椒盐可直接使用。

金丝虾球

制作时间 /30 分钟
烹饪时间 /10 分钟

虾营养丰富，蛋白质含量是鱼、蛋、奶的几倍到几十倍，还含有丰富的钾、碘、镁、磷等矿物质及维生素A、氨茶碱等成分，且其肉质松软，易消化，对身体虚弱及病后需要调养的人是极好的食物。虾中含有丰富的镁，镁对心脏活动具有重要的调节作用，能很好地保护心血管系统，它可减少血液中胆固醇含量，防止动脉硬化，同时还能扩张冠状动脉，有利于预防高血压及心肌梗死。虾的通乳作用也较强，并且富含磷、钙，对小儿、孕妇尤有补益作用。

用料
虾球 200 克
鸡蛋 30 克

调料
面粉 10 克
生粉 20 克
土豆松 100 克

做法

1. 将鸡蛋、面粉、生粉放在一起加水和油打成糊。

2. 把虾球放在里面粘匀入油锅中炸熟捞出备用。

3. 将土豆松用凉水洗净，入油锅炸成金黄色捞出。

4. 将炸好的虾球滚上沙拉酱粘上炸好的土豆松摆盘即可。

制作小贴士
土豆松炸时要用小火慢炸，虾球挂糊炸会皮脆肉嫩。

制作时间 /15 分钟
烹饪时间 /5 分钟

龙虾肉的蛋白质中，含有较多的
原肌球蛋白和副肌球蛋白。因此，
食用龙虾具有补肾、壮阳、滋阴、
健胃的功能，对提高运动耐力很
有价值。

芝士焗龙虾仔

用料

龙虾仔半只（250 克）

奶酪 30 克

蛋黄 2 个

黄油 20 克

调料

米椒粒 10 克

洋葱片 30 克

龙虾汤 20 克

盐少许

做法

1. 将龙虾洗净剔壳。

2. 将黄油加入奶酪和蛋黄、盐，调成酱拌入米椒粒后放在龙虾上面。

3. 烤箱开至 300 ℃，烤盘铺入洋葱片，放入龙虾烤 5 分钟，装盘
淋龙虾汤即可。

制作小贴士

奶酪要烤至表面焦黄，烤箱温度
要开至 300 ℃，这样口感才好。

乾坤永乐锅

传说，乾坤永乐锅创制于明成祖朱棣迁都京师之时。公元1421年，明成祖朱棣对京师有浓厚的感情，视其为龙兴之地、天地之中心。据史料记载：实皇上承运龙兴之地，宜遵太祖高皇帝中都之制，立为京师。随之，明成祖为庆祝这一盛举，令御厨选上等食材，以御用景泰器具装盛，恩泽天下群臣，取其"乾坤之地，永乐盛世"，遂御定为"乾坤永乐锅"。其食材、盛器考究，色香味美，营养丰富，是为滋补佳品。

用料

有机白菜叶100克、红薯粉条30克、花菇8克、

豆腐50克、木耳20克、有机胡萝卜20克、

精瘦肉丸子20克、蹄筋15克、鱼肚15克、鱼唇15克、

卤制五花肉20克、小酥肉30克、猴头菇15克、花菇15克、

小油菜两棵、熟鸽子蛋两个、发好的辽参两条、鲍鱼两只、鱼翅5克等。

调料

老母鸡汤1500克、酱油5克、盐少许

做法

1. 白菜切成大片，沸水备用；红薯粉条用水泡软，备用；花菇、猴头菇泡软后，用汤加葱、姜蒸熟15分钟；豆腐切厚片备用；木耳泡软沸水备用；胡萝卜切片沸水备用；五花肉切片备用；蹄筋、鱼肚、鱼唇、发好的辽参沸水备用。

2. 用鸡汤、酱油、盐调成乾坤永乐锅底汤备用。

3. 先将白菜放入乾坤永乐锅的锅底，再放入粉条、酥肉、豆腐、五花肉、精瘦肉丸子、蹄筋、鱼肚、鱼唇、猴头菇等，之后在上层码好鲍鱼、鱼翅、鸽子蛋、辽参、胡萝卜、菜心等。最后将调好的底汤加入乾坤永乐锅里。

4. 将乾坤永乐锅点燃，待锅中烧开5分钟后，即可食用。

制作小贴士

白菜放入底部不容易糊锅。乾坤永乐锅一定要烧开后再食用。

太极鱼子
青瓜片

制作时间 /30 分钟
烹饪时间 /10 分钟

黑鱼子中含有多种维生素，多吃鱼子，可以促进孩子发育、增强体质、健脑等。

用料
小青瓜 500 克

调料
虾子酱 30 克
黑鱼子酱 30 克
酸黄瓜水 50 克
盐少许

做法

1. 将青瓜片加盐和酸黄瓜水腌制。

2. 将腌好的黄瓜片摆好，将虾子酱和黑鱼子酱摆在上面即可。

制作小贴士
用酸黄瓜水腌制青瓜，这样的腌黄瓜口感更好。

制作时间 /10 分钟
烹饪时间 /5 分钟

沙拉三文鱼

三文鱼中含有丰富的不饱和脂肪酸，能有效降低血脂和血胆固醇，预防心血管疾病，其所含的 $\Omega-3$ 脂肪酸更是脑部、视网膜及神经系统所必不可少的物质，有增强脑功能、防治老年痴呆和预防视力减退的功效；三文鱼具有很高的营养价值，享有"水中珍品"的美誉。

用料
三文鱼 50 克
白金枪鱼 50 克

调料
沙拉酱（卡夫奇妙酱 50 克、炼乳 3 克、橙汁 5 克、蛋黄酱 5 克、芥末酱 5 克）

做法
1. 将三文鱼和白金枪鱼分别切成小粒。
2. 将沙拉酱所有原料拌在一起。
3. 将三文鱼和白金枪鱼分别拌入沙拉酱，按层次摆盘即可。

制作小贴士
为保持味道鲜美可以在三文鱼和白金枪鱼切粒后先洒上一些柠檬水。

制作时间 /10 分钟
烹饪时间 /3 分钟

倒挂金钩虾

虾中含有脑膜及神经系统所必不可少的营养物质，有增强脑功能、防治老年痴呆和预防视力减退的功效。

用料
基围虾 500 克

调料
白灼汁 20 克
色拉油 10 克
鸡尾酒 80 克
盐少许

制作小贴士
煮虾时放点盐和色拉油，出品味道鲜美，颜色红亮。
鸡尾酒在这里起到装盘装饰的作用。

做法
1. 将基围虾洗净放入沸水中加盐和色拉油煮熟。
2. 杯中倒入鸡尾酒，把煮好的虾挂在上面，配白灼汁即可食用。

制作时间 /30 分钟
烹饪时间 /5 分钟

红煨甲鱼裙边

甲鱼裙边适宜体质衰弱、肝肾阴虚、骨蒸劳热、营养不良之人食用；适宜肺结核及肺外结核低烧不退之人食用；适宜慢性肝炎、肝硬化腹水、肝脾肿大、糖尿病，以及肾炎水肿患者食用；另外，对于高血脂、动脉硬化、冠心病等患者人群也有一定的补益作用。

用料
甲鱼 1000 克

调料
高汤 300 克
剁椒 30 克
辣妹子 10 克
蒜瓣、葱、姜各 10 克
香葱、香菜各 10 克
胡椒粉 3 克
盐少许

做法
1. 将甲鱼洗净处理，只留裙边。
2. 锅中放入葱、姜、蒜瓣、辣妹子和剁椒炒香后，放入甲鱼裙边翻炒，然后加入高汤炖，待甲鱼裙边将熟时放入香葱和香菜再炖，出锅时只留甲鱼裙边和汤。
3. 将甲鱼裙边摆在盘中浇上汤即可。

制作小贴士
快熟时放入香葱,香菜再炖,味道更佳。

干贝米酒煮玉兰

制作时间 /10 分钟
烹饪时间 /3 分钟

玉兰菜富含各种维生素、蛋白质和胡萝卜素，它能够滋润和营养眼睛，保持五官清爽。长期食用玉兰菜，还能保持皮肤的光洁嫩滑。

用料
干贝丝 10 克
白玉兰 100 克

调料
米酒 100 克

做法
1. 将干贝丝放入蒸笼蒸一下。
2. 将白玉兰沸水，然后放入米酒中煮熟。
3. 将煮好的白玉兰装入餐具放上干贝丝即可。

制作小贴士
制作这道菜只用米酒煮就可以。

制作时间 /20 分钟
烹饪时间 /5 分钟

红豆性平，味甘酸，热量低，
富含维生素 E 及钾、镁、磷
等活性成分，具有清热解毒
之功效。
绿豆皮能清热，肉可解毒。
含有维生素 B1、维生素 B2 及
多种矿物质元素。

**五彩杂粮
三文鱼**

用料
三文鱼 100 克
绿豆 30 克
红豆 30 克
香米 30 克

调料
橄榄油 3 克
酱油 5 克
盐少许

做法
1. 将三文鱼拌入酱油、橄榄油、盐调味。
2. 将绿豆、红豆和香米分别上笼蒸熟。
3. 依次将绿豆、香米、红豆和三文鱼摆在盘中即可。

制作小贴士
吃三文鱼时可配备点儿芥辣。

制作时间 /10 分钟
烹饪时间 /5 分钟

鹅肝酱
煎鳕鱼

鹅肝酱的主要材料肥肝原产于法国的西南地区，由于那里还出产一种高级调味料：松露，因而那里出产的鹅肝酱有时会有松露的味道。

用料
银鳕鱼 100 克

调料
生粉 10 克
蛋黄 10 克
鹅肝酱 10 克
芦笋 20 克

做法
1. 将芦笋沸水摆在盘中。

2. 将银鳕鱼腌一下，表面拍上生粉，沾上蛋黄，放入煎锅中

煎至两面金黄，摆在芦笋上，淋鹅肝酱即可。

制作小贴士
煎银鳕鱼要先拍一下生粉，这样可以保住鱼的营养不流失，还能煎出焦香味。

捞汁象拔蚌

制作时间 /10 分钟
烹饪时间 /5 分钟

象拔蚌富含蛋白质，具有维持人体内钾钠平衡的作用，有助于消除水肿，提高免疫力，降低血压，象拔蚌质润不燥，食之可以补肾助阳、益精养血，有固本培元之功效。

用料
象拔蚌 120 克
黄瓜片 50 克

调料
红椒粒 10 克
捞汁 50 克

做法
1. 将象拔蚌洗净，片成片放入冰块和柠檬片中。
2. 将象拔蚌入开水里面轻轻烫一下。
3. 将黄瓜片和象拔蚌片装入餐具，配上捞汁即可。

制作小贴士
象拔蚌片放入冰块和柠檬片中，能祛除其腥味，更能增加其清爽口感。

香菠咕噜
虾球

制作时间 /20 分钟
烹饪时间 /10 分钟

菠萝含有大量的果糖、葡萄糖、维生素 B、维生素 C、磷、柠檬酸和蛋白酶等营养物质。具有清暑解渴、消食等作用，为夏季时令水果，不过一次不宜吃太多。

用料

虾球 120 克

菠萝 150 克

调料

脆炸粉 100 克

白糖 5 克

白醋 5 克

盐少许

做法

1. 将虾球切成 1.5 cm 见方的块状再腌制一下。

2. 将菠萝的一半果肉取出，切成 1.5cm 见方的小块。

3. 将腌制好的虾球挂脆皮糊入油锅中炸熟。

4. 将炸好的虾球同菠萝一起入锅烧成荔枝味即可。

制作小贴士

虾球要提前腌制一下，挂糊要挂脆皮糊。

捞汁海参

制作时间 /10 分钟
烹饪时间 /5 分钟

龙须菜，学名芦笋，它除了含有人体所需的营养物质外，还富含陆地蔬菜所没有的天然高分子海藻多糖、藻胶、微量元素等有益物质。龙须菜具有浓郁的芳草气味，有清热解毒、利湿助消化等作用。

用料
辽参 1 只
龙须菜 100 克
虫草花 20 克

调料
捞汁（酱油 5 克、陈醋 5 克、蚝油 4 克、姜丝 3 克、芥末油 3 克）

做法

1. 将辽参加入姜片沸水，把龙须菜和虫草花沸水。

2. 将所有调料放在一起调成汁。

3. 将龙须菜、虫草花、辽参一次摆进餐具，浇上汁即可。

制作小贴士
辽参沸水时加入姜片，可以有效去除辽参里面的腥味。

制作时间 /10 分钟
烹饪时间 /3 分钟

XO 酱爆澳带

澳带肉色洁白，肉质细嫩，味道鲜美，营养丰富。其闭壳肌干制后即是"干贝"。

用料
澳带 100 克
玉兰片 50 克

调料
XO 酱 30 克

做法

1. 将澳带放入平底锅中煎至两面金黄。

2. 将玉兰片沸水。

3. 锅中留底油爆香 XO 酱，放入煎好的澳带和玉兰片一起翻炒。出锅装盘即可。

制作小贴士
澳带要选用澳大利亚活带子，这种带子煎制不出水。

制作时间 /10 分钟
烹饪时间 /3 分钟

神仙虾滑翅

苦瓜含有一种具有抗氧化作用的营养物质，可强韧毛细血管壁，还能消肿解毒。

用料
苦瓜 100 克

嫩豆腐 100 克

鱼胶 50 克

金钩翅 50 克

调料
清汤 50 克

水淀粉 5 克

盐少许

做法
1. 将苦瓜中间挖空，切段沸水装盘。

2. 将嫩豆腐中间挖空放入鱼胶，上面再放上鱼翅。

3. 将放入鱼胶和鱼翅的嫩豆腐放入蒸笼里面蒸5分钟取出放在苦瓜上面。

4. 清汤上火淋水淀粉打成玻璃芡淋在蒸好的豆腐上即可。

制作小贴士
豆腐里面要酿入鱼胶，这样口感更好。

制作时间 /10 分钟
烹饪时间 /5 分钟

青苹果含有大量的维生素、矿物质和膳食纤维，其所含的果胶成分，具有补心益气的作用。食用青苹果不仅可以养肝解毒，还可坚固牙齿和骨骼，防止牙床出血。

用料
萝卜苗 20 克
三文鱼 100 克
青苹果 20 克

调料
沙拉酱 20 克
罗勒叶 5 克

做法

1. 将萝卜苗拌入味装入盘子里面。

2. 将三文鱼加入罗勒叶腌制 5 分钟。

3. 将青苹果去皮切成小粒，拌入沙拉酱。

4. 将青苹果沙拉摆在盘上，摆上腌好的三文鱼即可。

制作小贴士
三文鱼要用罗勒叶和柠檬片腌制一下。这样既味美，又有杀菌作用。

制作时间 /10 分钟
烹饪时间 /3 分钟

鲜椒爆螺片

螺肉肉质细腻，味道鲜美，素有"盘中明珠"的美誉。它富含蛋白蛋、维生素和人体必需的氨基酸和微量元素，是典型的高蛋白、低脂肪、高钙质的天然动物性保健食品。

用料
螺头 100 克

调料
鲜花椒 30 克
葱片 10 克
鸡汁 3 克
盐少许

做法

1. 将螺头洗净片成薄片，然后腌制一下。

2. 将腌好的螺片滑油。

3. 锅中留底油放入葱片和鲜花椒炒，然后放入滑好的螺片一起爆炒调味，最后出锅装盘即可。

制作小贴士
螺片容易老，滑油时要注意油温，炒时要快。

制作时间 /15 分钟
烹饪时间 /5 分钟

咖喱香炒蟹

蟹肉性寒，味咸；具有清热解毒，补骨添髓，养筋活血，滋肝阴、充胃液的功效；对于腰腿酸痛和风湿性关节炎患者有一定的疗养作用。

用料
肉蟹 1 只（250 克左右）
粉丝 100 克

调料
咖喱酱 20 克
红油 10 克
牛奶 30 克
盐少许

做法

1. 将粉丝入锅煮开，捞出后加红油翻炒调入调味料装入盘中。

2. 将蟹肉洗净剁开拍粉后入油锅炸一下捞出。

3. 锅中放入牛奶和咖喱酱，再放入蟹一起焗熟即可。

制作小贴士
焗蟹时放入牛奶，味道更鲜美。

制作时间 /5 分钟
烹饪时间 /3 分钟

生吃北极贝

北极贝对人体有保健作用，是上等的营养食材，食之可以滋阴平阳、养胃健脾。

用料

极品北极贝 100 克

调料

酱油 5 克

蚝油 5 克

白糖 3 克

芥末油 3 克

做法

1. 将北极贝放入冰块里面冰冻一会儿捞出。

2. 将北极贝改刀摆在盘中。

3. 将所有调料兑在一起制成调味汁配上北极贝上桌即可。

制作小贴士

北极贝生吃前用冰冰一下口感更佳。

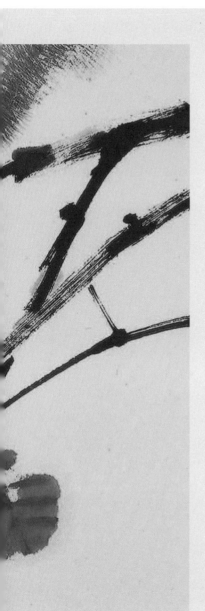

秋季膳养

属于秋天的食物

秋季，暑夏的高温渐渐消逝，人们烦躁的情绪也随之平和。秋风带来迷人的秋景让人流连，但切勿忽视了秋季调养身体的时机。秋天阳气渐收，阴气渐涨，夏季过多的耗损需要在此时补足。

秋

季膳食

秋季，指的是我国农历 7、8、9 月，包括立秋、处暑、白露、秋分、寒露、霜降 6 个节气。秋季，暑夏的高温渐渐消逝，人们烦躁的情绪也随之平和。秋风带来迷人的秋景让人流连，但切勿忽视了秋季调养身体的时机。秋天阳气渐收，阴气渐涨，夏季过多的耗损需要在此时补足。

秋季，气温开始降低，雨量减少，空气湿度相对较低、偏干燥。秋气应肺，而秋季干燥的空气极易损伤肺阴，因而容易出现口干咽燥、干咳少痰、皮肤干燥、便秘等症状，重者还会咳中带血，所以秋季养生首要是防燥。秋季，燥气中还暗含秋凉，人们经夏季过多的消耗之后，机体各组织系统均处于水分相对贫乏的状态，如果这时再受风着凉，极易引发头痛、鼻塞、胃痛、关节痛等一系列症状，甚至会旧病复发或诱发新病。老年人和体质较弱者对这种变化适应性和耐受力较差，更应注意避免。

秋季是养肺的最好时节。此时空气干燥，应多吃一些清心润燥的食物，如乌骨鸡、猪肺、银耳、蜂蜜、芝麻、豆浆、藕、核桃、薏苡仁、花生、鸭蛋、菠菜、梨等，忌吃辣椒、大葱、生姜、肉桂等或辛辣或煎炸爆炒的燥热食品。但是生冷瓜果不宜多吃。很多人认为秋季可以吃狗肉、羊肉来温补，但实际上，食用温性的狗肉、羊肉会加重秋燥症状，易使人上火。秋季若想进补，最好选用鸭肉、兔肉、鸽肉、甲鱼、海参等作为滋补品。鸭肉不仅富含蛋白质，可及时补充夏日的过度消耗，还性凉，具有滋阴养胃、健脾补虚的作用。兔肉易于消化，不仅蛋白质含量高，胆固醇含量还极低，而且性凉，具有补中益气的作用，是中老年人及心脑血管疾病、肥胖病患者理想的秋季进补食品。鸽肉、甲鱼、海参均性平，能起到滋肾益气、滋阴补虚的作用，是肾气亏虚者的秋季食疗佳品。秋季进补也可以适当吃点平性的鱼，如养血滋阴的墨鱼、健脾开胃的黄花鱼、补虚、健胃、益肺的银鱼，以及具有健脾胃作用的鲫鱼等，但要少吃带鱼、鲢鱼、鳝鱼等温性鱼类。

在秋高气爽的季节里，膳食要以滋阴润肺为基本原则。年老胃弱者，可采用晨起食粥法以益胃生津，如百合莲子粥、银耳冰糖糯米粥等。此外，还应多吃一些酸味果蔬，少吃辛辣刺激食品，这对护肝益肺大有好处。立秋之后应少吃寒凉食物，不生食大量瓜果，尤其是脾胃虚寒者更应谨慎。夏秋之交，调理脾胃应侧重于清热、健脾，少食多餐，多吃熟、温软、易消化食物。秋季调理一定要注意清泄胃中之火，以使体内的湿热之邪从小便排出，待胃火退后再进补。燥易伤肺，秋气与人体的肺脏相通，肺气太强，容易导致身体的津液不足，出现诸如津亏液少的"干燥症"，比如皮肤干燥，多有咳嗽等。防秋燥，重在饮食调理，适当地选食一些能够润肺清燥、养阴生津的食物，比如梨、百合、银耳等。夏令大量食瓜果虽然不至于造成脾胃疫患，却已使肠胃抗病力有所下降，入秋后再大量食瓜果，势必更助湿邪损伤脾阳，脾阳不振不能运化水湿，腹泻、下痢、便溏等急慢性胃肠道疾病就随之发生。因此，入秋之后应少食瓜果，脾胃虚寒者尤应禁忌。常言道："秋季进补，冬令打虎"，但进补时要注意不要无病进补和虚实不分滥补。还要注意进补适量，忌以药代食，提倡食补。秋季食补以滋阴润燥之物为主，如乌骨鸡、猪肺、龟肉、燕窝、银耳、蜂蜜、芝麻、核桃、藕、秋梨等。这些食物与中药配伍，则功效更佳。秋季天气干燥，秋季养生要注意养阴。要多喝水，以补充夏季丢失的水分。汗出过多会损人体之"阴"，因此，秋季锻炼要适度。

秋季膳养原则

秋 季饮食要注意饮食适量，防止热能过剩，忌放纵食欲，大吃大喝。秋季饮食首先应当少吃一些刺激性强、燥热的食品，如尖辣椒、胡椒等，应当多吃一些蔬菜，如冬瓜、萝卜、西葫芦、茄子、绿叶菜等。另外，秋季里应避免各种湿热之气积蓄，因此建议吃一些有散发功用的辛香气味食物，如芹菜等。

话梅特别适合秋季食用，话梅酸酸甜甜正好符合"以润为主，佐以酸味的膳养原则。"秋季，外界气候骤然变凉，而人体内的热量还在原来的位置，这个时候容易出现一系列症状，比如脸上痘痘增加、喉咙肿痛、牙龈发炎、晨起干咳等，这个时候不要忙着吃消炎药等，可以多吃绿豆汤、金银露、龟苓膏等去火解热食品调节身体。

秋季应该吃些什么?

秋季空气比较干燥，是支气管炎、哮喘病高发的季节，可多吃一些利肺、补脾肾、益气血的食品来提高免疫力，同时也需要适当增加一些营养食品来补充夏季消耗的体力。秋季是肺金当令之时，主要是由于雨水渐少，空气中的湿度小，秋燥容易耗伤津液，引发咽喉疼痛、口干舌燥、肺热咳嗽等症状。秋天还是肠道传染病、胃病、老慢支、哮喘等病多发季节。因此秋季饮食在以滋阴润燥为原则的基础上，每日中、晚餐可以额外喝些健身汤，一方面可以渗湿健脾、滋阴防燥，一方面还可以进补营养、强身健体。秋季可常食的汤有百合冬瓜汤、猪皮番茄汤、山楂排骨汤、鲤鱼山楂汤、鲢鱼头汤、鳝鱼汤、赤豆鲫鱼汤、鸭架豆腐汤、枸杞叶豆腐汤、平菇豆腐汤、平菇鸡蛋汤、冬菇紫菜汤等。

适当增加一些营
养食品来补充夏
季消耗的体力

秋季养胃

秋天，人容易患胃肠疾病主要有以下几个原因：立秋以后，天气虽然转凉，但苍蝇的活力却并不比夏天弱，吃了被苍蝇污染过的食物，就会因胃肠道感染而发生腹泻；秋天，人们的食欲增加，而这时又有大量瓜果上市，若不加节制，暴食暴饮即容易加重胃肠负担，导致肠胃功能紊乱；秋天昼夜温差大，一不小心，腹部着凉，容易发生腹泻。因此，胃不太好的人，秋季一定要注意保养，以防病情加重。

秋季，空气干燥，秋燥之气易伤肺。在适当多饮水的基础上多吃些萝卜、莲藕、香蕉、梨、蜂蜜等润肺生津、养阴清燥的食物；尽量少食或不食葱、姜、蒜、辣椒、烈性酒等燥热之品及油炸、肥腻之物。脾胃虚弱的老年人和慢性病患者，晨起可以粥食为主，可吃百合莲子粥、银耳冰片粥、黑芝麻粥等。此外，还可多吃些红枣、莲子、百合、枸杞子等清补、平补之品，以健身祛病，延年益寿。

秋季酸是主题

秋天肺气旺，酸味入肝，是肝的正味，这时候适合用酸味来养肝，可以多吃点酸味食物。

我们吃的食物很少是纯酸味的。多是跟涩味或者甜味夹杂在一起。大多数种子偏于酸涩，大多数水果偏于酸甜。酸味和涩味相合，收敛作用加倍，口感不佳，难以入口，而酸味和甜味相合能抑制彼此的偏性，比较平和，适宜平时多吃。酸味生津止渴，甜味补益中气。在秋季，如果酸甜可口的菜式多一点对滋阴会有很好的功效。

秋季豆腐有妙搭

秋日里，吃对、吃好是关键。以下四种营养搭配食材可以预防秋燥：

加海带、紫菜，能多补碘

豆腐不但能补充营养，还对预防动脉硬化有一定的食疗作用。豆腐中含有一种叫皂苷的物质，能防止引起动脉硬化的氧化脂质产生。但是皂苷会带来一个麻烦，即容易引起人体内碘排泄异常，如果长期食用可能导致碘缺乏。所以，吃豆腐时加点海带、紫菜等含碘丰富的海产品一起，就两全其美了。

加蛋黄、血豆腐，钙补得更多

就像吃钙片的同时需要补充维生素D一样，吃豆腐要补钙，就要搭配一些维生素D丰富的食物。因为在钙的吸收利用过程中，维生素D起着非常重要的作用。虽然豆腐含钙非常丰富，北豆腐中的钙比同量的牛奶还多，但只有搭配维生素D含量丰富的食物才能更有效地发挥作用。蛋黄中含有丰富的维生素D，因此鲜美滑嫩的蛋黄豆腐是补钙的佳品。动物内脏、血液中的维生素D含量也很高，所以将白豆腐和血豆腐一起做成"红白豆腐"也是一道理想的补钙佳肴。

另外，鸡胗、猪肝等动物内脏也对增加人体对豆腐的钙吸收有很好的作用。

放青菜、木耳，更防病

豆腐虽然营养丰富，但膳食纤维缺乏，单独吃可能会带来便秘的麻烦。而青菜和木耳中都含有丰富的膳食纤维，正好能弥补豆腐的这一缺点。另外，木耳和青菜还含有许多能提高免疫力、预防疾病的抗氧化成分，搭配豆腐食用，抗病作用更好。需要注意的是，菠菜、苋菜等绿叶蔬菜中的草酸含量较高。应先焯一下，再和豆腐一起烹调，以免影响人体对豆腐中钙的吸收。

配点肉，蛋白质好吸收

大豆有"植物肉"的美称，它是植物性食物中蛋白质最优秀的食品。但大豆做成的豆腐，其中的蛋白质氨基酸的含量和比例不是非常合理，也不易于人体消化吸收而加入一些含高质量蛋白质的食物，即可与豆腐起到互补作用，使得豆腐的蛋白质也能更好地被人体消化吸收利用。而这些含有高质量蛋白质的食物，就非肉类和鸡蛋莫属了。因此，肉末烧豆腐、皮蛋拌豆腐等，都能让豆腐中的蛋白质更好地被吸收。

「肉飨美食」

制作时间 /1 小时
烹饪时间 /10 分钟

清酒鹅肝

鹅肝被欧美人士尊为世界三大美味之首。鹅肝中还具有一般肉类食品所不含的维生素 C 和微量元素硒，其能增强人体的免疫能力，能够抗氧化，防止衰老，并能抑制肿瘤细胞的产生。

用料
鹅肝 150 克

调料
柠檬片 5 克
清酒 30 克
姜 5 克
葱 5 克
盐少许

做法
1. 将鹅肝洗净轻轻沸水。
2. 将上述调料加水制成汤，将沸水后的鹅肝放入煮 30 分钟。
3. 将煮好的鹅肝泡在原汤里面，吃时改刀切片即可。

制作小贴士
调制卤水时要放柠檬和清酒进行调制。

红油盐水鸡腰

制作时间 /10 分钟
烹饪时间 /5 分钟

鸡腰有补肾之效，对耳聋耳鸣、头晕眼花、咽干盗汗、肾亏遗精等症有一定的缓解作用。

用料
鸡腰 200 克
盐水高汤 500 克

调料
红油 5 克
白酱油 5 克
鸡汁 3 克
料酒 5 克

做法
1. 将鸡腰洗净加料酒去腥沸水备用。
2. 将沸过水的鸡腰放入盐水高汤小火煮熟装入准备好的餐具。
3. 将红油、白酱油和鸡汁放在一起调成汁淋在鸡腰上即可。

制作小贴士
煮鸡腰时一定要小火煮以防煮烂。

制作时间 /24 小时
烹饪时间 /5 分钟

爽口鸡胸脆

脆骨，又称掌中宝，脆骨入口即
化，非常适合需要补钙的老人和
儿童。

用料
鸡胸脆 150 克

调料
野山椒 100 克
白醋 10 克
姜片 10 克
小米辣 5 克
盐少许

做法

1. 将鸡胸脆入开水锅中沸水，捞出晾凉，剔出边肉。

2. 将鸡胸脆上蒸笼蒸熟备用，将所有调料放在一起调

成汁，泡入鸡胸脆，泡 24 小时即可装盘。

制作小贴士

鸡胸脆要沸水去味,剔出边肉,

泡制时间要充足。

制作时间 /30 分钟
烹饪时间 /11 分钟

川香烤墨鱼

墨鱼，也叫"乌贼"，含有丰富的蛋白质，壳含碳酸钙、壳角质、黏液质及少量氯化钠、磷酸钙、镁盐等，具有较高的营养价值和药物价值。中医认为，乌贼墨汁可收敛止血、固精止带、制酸定痛、除湿敛疮。在临床上，乌贼墨汁主要用来制成止血剂，治疗出血性疾病。以营养学来看，这是因为乌贼汁富含黏多糖，是构成人体骨骼、血管、皮肤等重要成分，也具有缓和更年期妇女停经症状，并达到抗衰老的效果。

用料
鲜大墨鱼 300 克

调料
干辣椒 2 克，花椒 5 克，八角 3 克，桂皮 3 克，香叶 1 克，红曲米 15 克
大葱 20 克，姜 10 克，洋葱 10 克，味精 2 克，料酒 30 克，南乳汁适量，盐少许

做法
1. 将大墨鱼洗净改花刀，刀口入墨鱼肉 3/4 深。

2. 锅中加入少量花生油烧热，加入大葱、姜、干辣椒、花椒、八角、桂皮、香叶炒出香味加入高汤，在放入以上调料和红曲米（上色用）调好卤汤后放入处理好的墨鱼卤 6 分钟，捞出备用。

3. 当烤箱内温度达 220℃时，将洋葱切丝垫烤盘上，放卤好的墨鱼在洋葱丝上，烤 5 分钟取出备用。

4. 上菜时改刀装盘刷卤汁、亮油即可。口味麻辣干香。

制作小贴士
墨鱼体内含有许多墨鱼汁，不易洗净，可先撕去表皮，拉掉灰骨，将乌贼放在装有水的盆中，在水中拉出内脏，再在水中挖掉乌贼的眼珠，使其流尽墨汁，然后多换几次清水将内外洗净即可。入烤箱时温度一定要到达 220℃，不要烤得时间太长，要保证墨鱼的水分含量才会好吃。不要与茄子同食，会容易引起霍乱。

花生芽煎鹿柳

鹿肉性温和，有补脾益气、温肾壮阳的功效。对于新婚夫妇和肾气日衰的老人而言，鹿肉是很好的补益食品，同时，对于手脚经常冰凉的人也很适宜。鹿肉高蛋白、低脂肪、低胆固醇的特点，对人体的血液循环系统、神经系统有良好的调节作用。鹿肉还有养肝补血、壮阳益精之功效。

用料
鹿柳 100 克
花生芽 30 克

调料
黑椒汁 10 克
牛油 10 克
洋葱 10 克

做法
1. 将平底锅放入牛油和洋葱煎香，再放入鹿柳煎至外焦里嫩。
2. 将花生芽也放入平底锅中煎熟，然后与煎好的鹿柳一起装盘淋上黑椒汁即可。

制作小贴士
煎制时要快煎，防止把肉煎老。

制作时间 /30 分钟
烹饪时间 /5 分钟

烤牛肉配番
茄汁啤酒

此菜选用美国安格斯牛仔骨为原料，原料肉质口感细腻肥溢，多汁带甜。其富含蛋白质、氨基酸，能提高机体的抗病能力。对生长发育，修复组织等方面也有助益。此外，其还有安中益气、健脾养胃、强筋壮骨之功效。番茄汁啤酒的原料选用的是优质新鲜的番茄，其营养价值异常丰富，含有大量胡萝卜素、维生素C和B族维生素，其中的茄红素，对男性的前列腺有保健作用。此外，其还有抗氧化、祛雀斑、防衰老等功效。

用料
安格斯牛肉 100 克
豌豆苗 50 克
面包片 1 片
番茄 1 斤

调料
牛油 5 克
洋葱 10 克
盐少许

做法
1. 把番茄压榨成汁水，过滤呈自然微黄色，装入苏打瓶，装冷氮打出即成番茄汁啤酒。
2. 将豌豆苗沸水制成菜堆，将面包片抹上牛油入 150℃烤箱烤黄，备用。
3. 将洋葱和剩余的牛油放入平底锅中，再放入牛肉大火煎至两面焦黄，然后撒上盐。
4. 将制好的菜堆和面包片装入盘中，在上面摆上牛肉撒上盐，杯中放上番茄汁啤酒即可。

制作小贴士
煎牛肉一定要大火，这样煎出牛肉外焦里嫩，香绵可口。

制作时间 /24 分钟
烹饪时间 /5 分钟

腊八蒜
泡凤爪

凤爪富含蛋白质，具有维持钾钠平衡消除水肿、提高免疫力、调节血压、缓解贫血症状的功效。凤爪还富含铜，铜是人体健康不可缺少的微量营养素，对血液、中枢神经和免疫系统，头发、皮肤和骨骼组织，以及脑、肝、心等有补益作用。

用料
去骨凤爪 200 克

调料
蒜瓣 50 克
生抽 100 克
陈醋 500 克
蒸鱼豉油 100 克
白糖 20 克

做法
1. 将凤爪洗净去鸡脚尖，入开水锅中煮熟。
2. 将所有调料和蒜瓣、凤爪放在一起密封泡制 24 小时，泡好后装盘即可。

制作小贴士
泡制时，要将凤爪放在温度较低的地方泡制。

四宝鲜尤筒

制作时间 /100 分钟
烹饪时间 /5 分钟

鱿鱼营养价值很高，是海洋赐予人类的天然水产蛋白质。鱿鱼富含人体需要的多种氨基酸，并含有大量的碳水化合物和钙、磷、碳等无机盐，可有效减少血管壁内所累积的胆固醇，对于预防血管硬化，胆结石的形成颇有功效。同时能补充脑力，预防老年痴呆症等。

用料
鲜鱿 150 克
熟牛筋 100 克
松仁 20 克
熟猪耳 50 克
青豆 10 克

调料
酱油 10 克
盐少许

做法
1. 将鲜鱿洗净沸水。
2. 将熟牛筋、猪耳洗净切片拌入青豆、松仁然后再加入调料。
3. 将拌好的原料装进鲜鱿筒中。封口放入卤汤中卤 60 分钟出锅，然后放凉压实。最后，切片装盘上桌即可。

制作小贴士
牛筋和猪耳要选用提前卤制好的熟品，味道会更足。

制作时间 /15 分钟
烹饪时间 /3 分钟

火山岩石焗雪花牛肉

此菜独特之处在于，使用火山岩作为传热媒介。从澳洲进口的火山岩石含有的丰富矿物质和微量元素，经高温慢慢渗透到煎烤的牛肉中，这样煎烤出的牛肉配以玫瑰山石盐等各种调料，营养又健康。

用料
雪花牛肉 150 克

调料
洋葱 20 克
黑椒碎 5 克
酱油 20 克

做法
1. 将火山岩石入 300℃的烤箱烤 15 分钟。
2. 将雪花牛肉加入黑椒碎和酱油腌制 2 分钟。
3. 将烤好的火山岩石铺上洋葱，放上牛肉端上桌即可。

制作小贴士
在自己煎制牛肉时，要及时将牛肉两面反复煎制，防止单面煎老。

制作时间 /10 分钟
烹饪时间 /5 分钟

五彩鳕鱼柳

鳕鱼是葡萄牙最有名的一种特产，在北欧，鳕鱼被称为"餐桌上的营养师"，葡萄牙人更直接地把它称为"液体黄金"，可见它的营养价值。鳕鱼肉质厚实、味道鲜美，蛋白质含量非常高，而脂肪含量却又极低，而且刺又少，因而是老少皆宜的营养食品。

用料
银鳕鱼 200 克

调料
蛋清 1 个
淀粉 20 克
红彩椒 20 克
甜蜜豆 20 克
盐少许

做法
1. 将银鳕鱼切成长 5cm，宽、厚各 1cm 的条，然后将鳕鱼条加入蛋清和适量淀粉腌制。
2. 将腌制好的鳕鱼柳滑油，然后将彩椒和蜜豆沸水备用。
3. 锅中淋油，放入鳕鱼柳、甜蜜豆和彩椒滑炒入味，淋上水淀粉，出锅装盘即可。

制作小贴士
腌好的鳕鱼要过油，炒的时候要进行滑炒，这样炒出的菜干净明亮，滑嫩味美。

制作时间 /30 分钟
烹饪时间 /10 分钟

清汤狮头翅

鱼翅含有丰富的优质蛋白质、人体所必需的脂肪酸，以及能够有效改善人体缺铁性贫血症状的血红素（有机铁）和能够促进铁吸收的半胱氨酸，此外，鱼翅含有的抗凝成分对降血脂、抗动脉硬化及预防心血管系统疾患有一定的助益作用。

用料
金钩翅 20 克
肥瘦五花肉粒 25 克
蟹黄 5 克
菜胆 1 棵

调料
枸杞 1 个
马蹄 5 克
青汤 15 克
盐少许

做法
1. 将鱼翅加入浓汤煨制。
2. 五花肉粒（肥六瘦四）加入马蹄，制成狮子头，入温水中沁熟。
3. 锅中留清汤加入蟹黄，放入沁好的狮子头，装入餐具放鱼翅即可。

制作小贴士
在余制狮子头时要小火，并且在狮子头上面盖上一层白菜叶，可以保持它的口感和颜色。

制作时间 /15 分钟
烹饪时间 /4 分钟

芥蓝牛扒

牛肉是中国人食用量第二大肉类食品，仅次于猪肉。牛肉蛋白质含量高，而脂肪含量低，味道鲜美，受人喜爱，享有"肉中骄子"的美称。常食牛肉能提高人体抗病能力，对生长发育及手术后、病后调养均有助益。中医认为，牛肉有补中益气、滋养脾胃、强健筋骨、化痰息风、止渴止涎的功效，因而中气下陷、气短体虚、筋骨酸软、贫血久病及面黄目眩之人可多食用。

用料
牛里脊 50 克

杏鲍菇条 2 条

芥蓝 50 克

黑椒汁 30 克

鸡蛋 1 个

调料
生粉 10 克

酱油 5 克

做法
1. 将牛里脊改刀成片加入鸡蛋、生粉和酱油腌制备用。

2. 将杏鲍菇、芥蓝洗净沸水备用。

3. 将腌好的牛肉卷入杏鲍菇，入油锅炸熟。

4. 将沸水后的芥蓝摆盘，然后把炸好的牛肉摆在芥蓝上面浇黑椒汁即可。

制作小贴士
腌制牛肉时可以用刀背将牛肉敲打松软，这样做出的牛肉口感更好，更嫩。

鹅肝牛肉羊肚菌

制作时间 /20 分钟
烹饪时间 /10 分钟

每 100 克鹅肝中含 4.5～7 克的卵磷脂，卵磷脂对软化血管、延缓衰老、预防心脑血管疾病有重要功效；每 100 克鹅肝含核糖核酸高达 9～13.5 克，核糖核酸可助益人体新陈代谢，增强体质。

用料
安格斯牛肉 80 克
法国鹅肝 80 克
羊肚菌 30 克
面粉 10 克
黑椒汁 8 克

做法
1. 将安格斯牛肉和法国鹅肝分别切成 1.5cm 的方块。
2. 将鹅肝块滚入面粉，与牛肉分别放入油锅中炸焦。
3. 将羊肚菌沸水后和牛肉、鹅肝一起入锅翻炒，放黑椒碎调味后出锅即可。

制作小贴士
鹅肝炸制前要用面粉滚一下，这样炸出的鹅肝外焦里嫩，口感较好。

制作时间 /15 分钟
烹饪时间 /35 分钟

青瓜烤鳗鱼

鳗鱼富含多种营养成分，这些营养成分具有补虚养血、祛湿等功效，是久病、贫血、肺结核等病人所需。鳗鱼体内含有一种很稀有的西河洛克蛋白，其具有强精壮肾的功效，是年轻夫妇、中老年人亟须的一种营养元素。鳗鱼还是富含钙质的水产品，经常食用，能使血钙值有所增加，使身体强壮。鳗鱼的肝脏含有丰富的维生素A，因而也是夜盲人的优选食品。

用料
去骨鳗鱼 200 克
青瓜 100 克

调料
蜂蜜 5 克
辣妹子 5 克
豆腐乳 5 克
海鲜酱 5 克
柱候酱 5 克

做法

1. 将鳗鱼加入所有调料拌在一起，放进 200 ℃的烤箱烤 5 分钟。

2. 将烤好的鳗鱼摆放在青瓜上面装盘即可。

制作小贴士
严格按照调料比例制作，烤制时间和烤制温度要控制好，这样制作出来的鳗鱼味道才好。

制作时间 /100 分钟
烹饪时间 /5 分钟

红煨一品肉

黑猪肉胆固醇和脂肪含量都比普通猪肉低，其所含的"全蛋白质"能辅助修补人体受损组织。

用料
黑猪肉 100 克
高汤 500 克

调料
干辣椒 5 克
八角 5 克
花椒 3 克
香叶 1 克
陈皮 3 克
黄酒 10 克
冰糖 20 克
酱油 10 克
老抽 5 克
生抽 5 克
大葱 10 克
大姜 5 克

做法
1. 将黑猪肉切成方块。

2. 将黑猪肉沸水后加冰糖浸煮。

3. 将调料和五花肉放在一起用小火煲 90 分钟后收汁。

制作小贴士
加冰糖能去除肉的异味，煲制时还能有上色效果。

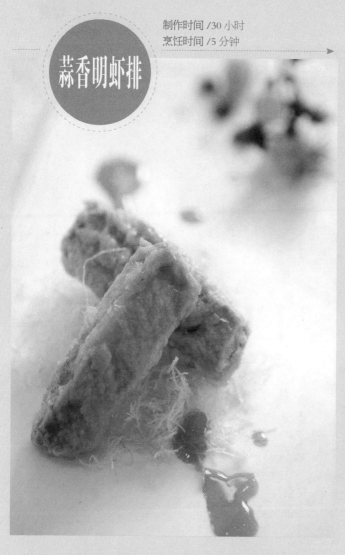

制作时间 /30 小时
烹饪时间 /5 分钟

蒜香明虾排

明虾,又名"对虾",也叫"大虾""角虾""白虾"等,是我国重要海鲜品之一。明虾营养丰富,其肉质肥厚松软,易消化,对于身体虚弱及病后需要调养的人是极好的膳养食物。虾中含有丰富的镁元素,镁对心脏活动具有重要的调节作用,能很好地保护心血管系统,它可减少血液中胆固醇含量,防止动脉硬化。它还适应于肾虚阳痿、遗精早泄、乳汁不通、筋骨疼痛、手足抽筋、全身瘙痒、皮肤溃烂、身体虚弱和神经衰弱等病人食用。

用料
明虾 300 克

调料
大蒜 200 克

料酒 3 克

鸡蛋 2 个(取蛋清)

生粉 5 克

吉士粉 5 克

橙汁 5 克

味精、盐少许

做法
1. 将明虾头摘掉,取出虾肉,挑出沙线,洗净后改刀成玉米粒形状,挤干水分。

2. 取容器放入改好的虾肉,加味精、盐、料酒、蛋清、生粉调味腌制 10 分钟。

3. 把大蒜洗净,用刀剁成蒜茸,拌入吉士粉。将腌制好的虾肉拍成虾排,沾匀蒜茸,入 150℃油温炸至金黄色,改刀装盘,淋上橙汁即可。

制作小贴士
腌制虾肉时一定要挤干水分,炸虾排时间不要太长,炸虾排的油最好使用清油。

制作时间 /2 小时
烹饪时间 /10 分钟

寿桃猴头翅

猴头菇是一种高蛋白、低脂肪、富含矿物质和维生素的食品；猴头菇所含的不饱和脂肪酸，能降低血液中的胆固醇和甘油三酯含量，有利于血液循环，是心血管疾病患者的理想食品；猴头菇含有的多糖体、多肽类及脂肪物质，能抑制癌细胞中遗传物质的合成，因而对消化道癌和其他恶性肿瘤有一定的预防和辅助疗养作用，对胃炎、胃癌、食道癌、胃溃疡、十二指肠溃疡等消化道疾病也有一定的疗养作用。除此之外，猴头菇还具有提高肌体免疫力的作用，可延缓衰老。

用料
猴头菇 100 克
发好海虎翅 100 克
鸡汤 500 克

调料
蚝油 5 克
水淀粉 10 克
盐少许

做法
1. 将猴头菇泡开洗净沸水，加鸡汤、蚝油小火煨 2 小时。
2. 将发好的海虎翅加入鸡汤、盐一起煲制 2 小时，将煲好的猴头菇和鱼翅收汁后分别摆在盘子上即可。

制作小贴士
收汁时要小火，一定要把汁全部收完。

制作时间 /20 分钟
烹饪时间 /10 分钟

金窝牛肉粒

雪花牛肉（"和牛"的牛肉）是世界上最贵的牛肉之一，以肉质鲜嫩、营养丰富、适口性好驰名于世。该牛肉肉质多汁细嫩，肌肉脂肪中饱和脂肪酸含量很低，且风味独特，肉用价值极高。据说"和牛"在生长过程中，享尽了人间的高级待遇。其每天都要在仙境一般的牧场里"散步"，以保证一定量的身体活动，除此之外，饲养员还必须播放一些"和牛"喜欢的音乐，以调适它们的心情。同时，还需定时定量地给它们喂啤酒。如此养出的牛，其肉的金贵由此可见。

用料
玉米面 30 克
雪花牛肉 80 克

调料
松子 10 克
小米辣 3 克
生抽 3 克
盐少许

做法
1. 将玉米面加开水烫熟制成金窝窝，然后将金窝窝上笼蒸熟备用。
2. 将雪花牛肉改刀切成黄豆大小的粒，加小米辣炒，调味后放入松子出锅装入窝窝头中即可。

制作小贴士
雪花牛肉要轻轻过一下油再炒，这样出来口感干香。

制作时间 /80 分钟
烹饪时间 /10 分钟

紫薯牛肉坛

黄牛肉含蛋白质、脂肪、维生素 BZ、钙、磷、铁等营养元素。属于温热性质的肉食，擅长气补，是气虚之人进行食补的首选。对益气养血、强筋健骨、消肿利水等均具有功效。

用料
带皮黄牛肉 100 克
紫薯 50 克

调料
番茄 50 克
淀粉 20 克
胡椒粉 2 克
盐少许

做法

1. 将带皮黄牛肉沸水后再煮 20 分钟。

2. 将紫薯刻成球，将番茄沸水去皮剁碎。

3. 番茄滑炒后放入牛肉和紫薯加水炖，调入味料勾面油装入坛子蒸 1 小时装盘即可。

制作小贴士
此牛肉要用带皮黄牛肉口感才好。

制作时间 /5 小时
烹饪时间 /30 分钟

蒜香烤鸡

鸡肉的钙、磷、铁含量较一般肉类高很多，且富含蛋白质、氨基酸，对贫血患者、体质虚弱的人有很好的食补作用。鸡肉对健脾养胃、增进食欲、止泻、祛痰、补脑、预防老年痴呆，具有一定的食养作用。

用料
三黄鸡 1 只

调料
大蒜 100 克

青椒 30 克

香菜 10 克

姜 5 克

葱 5 克

料酒 5 克

蒜香粉 5 克

脆皮水 50 克

盐少许

做法
1. 将三黄鸡洗净，然后将大蒜、青椒、香菜、姜、葱切碎拌入调料装进鸡肚，腌制 2 个小时。

2. 将腌好的鸡挂脆皮水风干 2 小时。

3. 将风干好的鸡放入烤炉中烤 45 分钟，鸡的表皮金黄、说明烤得很好。

4. 将烤好的鸡改刀装盘即可。

制作小贴士
要将鸡肚里加入调料进行腌制，腌制时间要够，这样才入味。

制作时间 /3 小时
烹饪时间 /10 分钟

脆皮乳鸽皇

鸽肉营养价值高，常吃能够滋补肝肾，疗补气血，对于恶疮患者、久病羸弱者、体力透支者有一定的助益作用。

用料
乳鸽 1 只

调料
酱油 5 克
八角、花椒、小茴香各 4 克
脆皮水 100 克
盐少许

做法

1 将乳鸽掏出内脏后洗净沸水备用。

2 将上述调料调制成卤水，把沸过水的乳鸽放进卤水里面卤 20 分钟。

3 将卤好的乳鸽捞出挂脆皮水，风干 2 小时后入油锅炸熟改刀装盘即可。

制作小贴士
挂脆皮水时脆皮水要挂匀，最好挂两次脆皮水。

制作时间 / 40 分钟
烹饪时间 / 10 分钟

卤水金钱肚

金钱肚含蛋白质、脂肪、钙、磷、铁、硫胺素、核黄素等营养元素，具有补益脾胃、补气养血、补虚益精、消渴之功效，适宜于病后虚羸、气血不足、营养不良、脾胃薄弱之人食用。

用料
金钱肚 200 克

调料
白酱油 10 克
姜 5 克
葱 5 克
八角、花椒、小茴香各 8 克
生抽 50 克
盐少许

做法
1. 将金钱肚洗净沸水备用。

2. 将上述调料兑入高汤调制成卤水，将沸水后的金钱肚放进卤汤卤 30 分钟。

3. 将卤好的金钱肚改刀装盘再浇上卤汤即可。

制作小贴士
金钱肚卤好后可以在卤汤中泡一会儿，这样更加入味。

银杏怀山炖鹿肉

制作时间 /2 小时
烹饪时间 /20 分钟

银杏俗称白果，除含淀粉、蛋白质、脂肪、糖类之外，还含有维生素C、核黄素、胡萝卜素、钙、磷、铁等微量元素。其营养丰富，对于益肺气、治咳喘、护血管等具有很好的食疗作用。

用料
鹿肉 100 克
银杏 30 克
肉苁蓉 3 克
铁棍山药 100 克
鸡汤 500 克

调料
老抽 5 克
冰糖 3 克
盐少许

做法
1. 将鹿肉沸水切成 2.5cm 见方的块儿，加入鸡汤、肉苁蓉、银杏调味后煲制 2 小时直到汁浓肉烂。
2. 将铁棍山药去皮上笼蒸熟制泥，将山药泥拌入煲好的银杏装盘。
3. 把煲好的鹿肉放在山药泥上淋原汁即可。

制作小贴士
鹿肉要用鸡汤煲制，山药泥要原味蒸。

制作时间 /3 小时
烹饪时间 /10 分钟

金针菇含有人体必需氨基酸成分较全，其所含的赖氨酸和精氨酸尤其丰富，含锌量也比较高，因而食用金针菇对增强智力尤其是对儿童的身高和智力发育有良好作用。

沙茶菌菇
牛肉卷

用料
牛里脊肉 100 克
金针菇 50 克

调料
沙茶酱 20 克
酱油 4 克
蛋黄 1 个
水淀粉 5 克

做法
1. 将牛里脊切片加蛋黄、酱油和水淀粉腌制 2 小时备用。

2. 将金针菇洗净卷入牛肉里面。

3. 将卷好的金针菇牛肉卷入油锅炸熟。

4. 将炸熟的金针菇牛肉卷装盘淋沙茶酱即可。

制作小贴士
金针菇洗净直接用牛肉片卷上入锅炸。

制作时间 /4 小时
烹饪时间 /20 分钟

凉瓜炖排骨

苦瓜中的苦瓜甙和苦味素能增进食欲，健脾开胃；苦瓜中所含的生物碱类物质奎宁，有利尿活血、消炎退热、清心明目的功效；苦瓜的汁液中含有类似胰岛素的物质，具有良好的降血糖作用，因而苦瓜是糖尿病患者的理想食品。

用料

精排骨 150 克

苦瓜 100 克

绿豆 20 克

玉竹 10 克

调料

盐少许

做法

1. 将排骨沸水备用。

2. 将苦瓜取芯，然后将排骨装进去。

3. 锅中加入清水、排骨、绿豆和玉竹，小火煲 4 个小时，出锅时调味即可。

制作小贴士

煲此汤时加入绿豆和玉竹可使此汤具有清热解毒、凉血安神之功效。

美味焗
金沙骨

制作时间 /40 分钟
烹饪时间 /10 分钟

猪排骨能够补中益气、滋养脾胃、强筋健骨、是人体钙质的优良来源。猪排骨能提供人体生理活动所必需的优质蛋白质、脂肪，对于气血不足阴虚者有很好的食养作用，但肥胖、血脂较高者不宜多食。

用料
精猪排 120 克

调料
香菜 3 克
姜 5 克
青椒 5 克
洋葱 8 克
料酒 5 克
酱油 6 克
糖 3 克
生粉 8 克
糯米粉 5 克
吉士粉 5 克
咸蛋黄 30 克
盐少许

做法
1. 将精排剁成 12cm 的长条状，冲去血水备用。
2. 将香菜、姜、青椒、洋葱洗净沥干，然后用多功能料理机将它们粉粹榨汁后留汁，将汁与料酒、酱油、糖、盐混合后放入排骨腌制约20分钟，然后加入生粉、糯米粉、吉士粉拌匀。
3. 将锅中加入适量的色拉油，将腌制好的排骨炸至金黄色捞出备用。
4. 将咸蛋黄沫炒香，成沙状裹在排骨上即可。

制作小贴士
剁排骨时一定要快，不能让排骨留有碎骨渣，以免在食用中造成口感不适。炒蛋黄时一定要小火。

制作时间 / 1 小时
烹饪时间 / 2 小时 10 分钟

清汤双翅

鱼翅含有丰富的优质蛋白质、人体所必需的脂肪酸，以及能够有效改善人体缺铁性贫血症状的血红素（有机铁）和能够促进铁吸收的半胱氨酸，此外，鱼翅含有的抗凝成分对降血脂、抗动脉硬化及预防心血管系统疾患有一定的助益作用。

用料
鸡翅 1 个
水发金钩翅 50 克

调料
清汤 150 克
枸杞 2 克
盐少许

做法

1. 将鸡翅整个去骨，洗净。

2. 将鱼翅装入鸡翅里，封口沸水。

3. 将沸水后的鸡翅装进餐具倒入清汤加入盐、枸杞蒸 2 个小时即可。

制作小贴士
汤要用清汤，没有清汤用肉汁也可以，鸡翅去骨时不能烂。

冬季膳养

属于冬天的食物

冬季指的是我国农历 10、11、12 月，包括立冬、小雪、大雪、冬至、小寒、大寒等 6 个节气。冬季，天寒地冻，万物凋零，一派萧条零落的景象，对此，人们首先想到的是要防寒保暖，而如何以食物来驱寒，让自己暖暖地、健康地过一个冬天也是值得研究的。

"藏" 在冬季

冬季指的是我国农历 10、11、12 月，包括立冬、小雪、大雪、冬至、小寒、大寒等 6 个节气。冬季，天寒地冻，万物凋零，一派萧条零落的景象，对此，人们首先想到的是要防寒保暖，而如何以食物来驱寒，让自己暖暖地、健康地过一个冬天也是值得研究的。下面，我们就围绕这个问题来探讨一下冬季饮食。

冬季气候寒冷，寒气凝滞收引，易导致人体气机、血运不畅，而易使人体许多旧病复发或加重，尤其是那些严重威胁到生命的疾病，如中风、脑出血、心肌梗死等，这时不仅发病率明显增高，而且死亡率亦急剧上升。所以冬季一定要注意防寒。

冬季，人体阳气收藏，气血趋向于里，皮肤致密，水湿不易从体表外泄，而经肾、膀胱的气化，少部分变为津液散布周身，大部分化为水，下注膀胱成为尿液，无形中加重了肾脏的负担，易生成肾炎、遗尿、尿失禁、水肿等疾病。因此冬季要注意肾的养护。冬季饮食的重要原则即是"养肾防寒"。肾是人体生命的原动力，肾气旺，则生命力强，而保证肾气旺的关键就是防止严寒对身体的侵袭。

冬季膳食

冬季得食不厌精

冬天吃东西可以精细一点。孔子在《论语》中说"食不厌精，脍不厌细。"意思是，粮食舂得越精越好，肉切得越细越好。应用在冬季饮食上，即是把蔬菜、肉类适当地做细以便于食物营养更充分地释放，身体更好地吸取营养与热量。因此，从冬季健康饮食的角度讲，适当把烹饪过程"精细"化，还是有必要的。冬季饮食离不开姜，三九天尤其要多吃姜，因为姜具有很好的驱寒功效。《论语》云："不撤姜食，不多食"。把生姜的补益作用提到很高的位置。吃姜最简单的方法就是饭前或者饭后半小时喝杯姜红茶，对于冬天想减肥的人，喝杯热乎乎的姜红茶，不但能保暖，还可提高代谢率，一举两得。

冬季食肉一天不超二两。《论语》云："肉虽多，不使胜食气。"意思就是，席上的肉虽然多，但不能超过吃饭的量。冬天由于蔬菜稀少，餐桌上经常是肉类唱主角。即使是现在，冬季涮肉火锅、吃羊蝎子也是主流。但是，任何饮食都需要有度，特别是中老年人群更要注意，动物性蛋白质摄取得越多，钙质就越容易被排出体外。所以，无论何种食材，摄取都应有节制。

虽然冬季吃肉不宜多，但是，冬天确也是吃肉的季节！冬天饮食一般都会选择热量较高的御寒食物，肉类首当其冲，以牛羊肉为主，它们富含高蛋白质、碳水化合物及脂肪，能为机体提供较多热量。

羊肉 / 最滋补的肉。羊肉有助元阳、补精血、疗肺虚的作用。气喘、气管炎、肺病及虚寒的病人食之相当有益。羊肉还能益肾壮阳、补虚抗寒、强健身体，是冬令的滋养珍品。但需注意的是，羊肉毕竟性偏温热，并非人人皆宜，阴虚火旺、咳嗽痰多、消化不良、关节炎、湿疹及发热者应忌食。

鱼虾 / 微量元素最多的肉。鱼虾中的微量元素极为丰富，含钙、铝、铁、锰、铜、钴、镍、锌、碘、氯、硫等，这些都是人体所必需的。水产品虽然含有丰富的营养物质，但是不宜多吃，过量食用易导致脾胃受损，引发胃肠道疾病。

牛肉 / 最强壮的肉。凡身体虚弱、智力衰退者，吃牛肉最为相宜。牛肉蛋白质的氨基酸组成比猪肉更贴合人体需要，能提高机体抗病能力，对于生长发育中的孩子及手术后、病后调养的人特别适宜。但牛肉的肌肉纤维较粗糙不易消化，有很高的胆固醇和脂肪，故老人、幼儿及消化力弱的人不宜多吃。

猪肉 / 最补铁的肉。猪肉肥瘦差别较大，肥肉中脂肪含量高，蛋白质含量少，多吃容易导致高血脂和肥胖等疾病；猪肉中的蛋白质大部分集中在瘦肉中，而且瘦肉中还含有血红蛋白，可以起到补铁的作用，能够预防贫血。肉中的血红蛋白比植物中的更好吸收，因此，吃瘦肉补铁的效果要比吃蔬菜好。猪肉的纤维组织比较柔软，还含有大量的肌间脂肪，因此食猪肉比食牛肉好消化吸收。

冬季膳食原则

冬季饮食应遵循"秋冬养阴""养肾防寒""无扰乎阳"的原则，饮食以滋阴潜阳、增加热量为主。俗话说，"冬不藏精，春必病温"。冬季，人体阳气内藏、阴精固守，是机体能量的蓄积阶段，对于身体虚弱的人是进补的好季节。

第一，养肾为先。肾是人体生命的原动力，是人体的"先天之本"。冬季，人体阳气内敛，人体的生理活动也有所收敛。此时，肾既要为维持冬季热量支出准备足够的能量，又要为来年贮存一定的能量，所以此时养肾至关重要。饮食上要时刻关注肾的调养，注意热量的补充，要多吃些动物性食品和豆类，补充维生素和无机盐。狗肉、羊肉、鹅肉、鸭肉、大豆、核桃、栗子、木耳、芝麻、红薯、萝卜等均是冬季适宜食物。

第二，温食忌硬。黏硬、生冷的食物多属阴，冬季吃这类食物易损伤脾胃。此外，食物过热易损伤食道，进入肠胃后，又容易引起体内积热而致病；食物过寒，容易刺激脾胃血管，使血流不畅，而血量减少将严重影响其他脏腑的血液循环，有损人体健康，因此，冬季饮食宜温热松软。

第三，增苦少咸。冬天肾的功能偏旺，如果再多吃一些咸味食品，肾气会更旺，从而影响人体健康。因此，在冬天里，要少食咸味食品，以防肾水过旺；可多吃些苦味食物，以增强肾脏功能，如橘子、猪肝、羊肝、莴苣、醋、茶等。

另外，冬季应多饮水，防止血液黏稠。饮食调养以"补"为主，常吃健脾益肾的麻山药、每天3至5个补气养血的大红枣。同时也应根据自身体质，选择寒热不同属性的食物。如果是手足心热、心烦、口苦咽干、舌质红等阴虚火旺的人应适当多吃一些凉性食物，如鸭肉、梨、蜂蜜、银耳、莲藕、百合、香蕉等；而苹果、大白菜、萝卜、麻山药属于平性（不凉不热）食物，适合于绝大多数人。冬至时节饮食宜多样，谷、果、肉、蔬合理搭配，适当选用高钙食品。

冬季饮食辨证而为

冬季，是体虚之人进补的好季节，但"虚"的原因各不相同，因此进补时也要因人而异、因体质而异、因男女老少而异。人的一生需经历不同的发育和生理变化阶段，各个阶段人体脏腑的气血阴阳亦有不同程度的变化，各年龄阶段人的生活习惯和学习、工作的情况也各不相同，因此，应该根据这些变化来补益身体。小儿内脏娇嫩、易虚易实，饮食又往往不知节制，以致损伤脾胃，其在冬令的补益，当以健脾胃为主，可食茯苓、山楂、大枣、薏仁等。而青年学生日夜读书，往往休息睡眠不足，心脾或心肾虚，其在冬令的补益可选用莲子、首乌等。不少中年人身负重任，不注意休息，而导致气血耗损，故冬令补益以养气血为主，可食龙眼肉、黄芪、当归等。老年人身体虚弱，又多疾病在身，故老年人冬令必须进补。老年人无病时，进补可选用杜仲、首乌等；若有病，则必须辨证进补。冬季进补莫过激进，补是为了调节身体的各种机能，使身体更健康，但如果进补过偏，则补而成害，使机体又一次遭遇损伤。例如，虽为阴虚，但一味大剂养阴而不注意适度，补阴太过，反而遏伤阳气，致使人体阴寒凝重，出现阴盛阳衰之气，所以进补要适度。冬季进补以炖食佳，炖食的制作时间长，食物营养易于被人体消化吸收。以炖品进补可根据个人体质选用一些高热量、高蛋白质的食物进行制作。

冬季进补食材

冬季进补，很多人都会有虚不受补的情况出现，"虚不受补"即受补者体虚，而不能接受补药的进补。这主要是因为受补者脾胃虚弱，胃的消化与脾的运化功能差，而补品又多为滋腻之品，所以服用后，不但不能很好地消化吸收，反而增加了胃肠负担，出现消化不良等症状。体虚分为很多种，包括气虚、血虚、阴虚、阳虚等，四种主要症状表现如下。

气虚／表现为动则气短、气急无力。怕冷的感觉不明显。

血虚／主要表现在心肝二脏上。心血不足表现为心悸、失眠多梦、神志不安等。肝血不足则表现为面色无华、眩晕耳鸣、两目干涩、视物不清等。

阳虚／表现为身寒、肢冷、小便清长、消化不良、便稀。

阴虚／表现为五心烦热或午后潮热，盗汗、颧红、消瘦、舌红少苔等。

进步关键要看人的体质。在众多的补益药之中，应该如何辨证选择呢？针对气虚、血虚、阳虚、阴虚等四种体虚的证型，选用补益药中的"四大名补"——人参、阿胶、鹿茸、冬虫夏草最为适宜。

补气虚为主／人参（灵芝人参汤）

人参性温，味甘微苦，入脾、肺二经，大补元气。现代药理研究发现，其主要有效成分为人参皂甙和黄酮类物质，分别有抗衰老、抗疲劳、对抗有害物质、抗肿瘤、提高免疫力、调节神经和内分泌系统等功能，具有增加冠状动脉血流量，减少心肌耗氧量，调节血脂，防止血管硬化等作用。

補阳虚为主 / 鹿茸（鹿茸元蹄汤）

鹿茸性温，味甘咸，入肝、肾二经，有补肾壮阳之效。鹿茸中含有磷脂、糖脂、胶脂、激素、脂肪酸、氨基酸、蛋白质及钙、磷、镁、钠等成分，其中氨基酸成分占总成分的一半以上。鹿茸性温而不燥，具有振奋和提高机体功能，对全身虚弱、久病之后患者有较好强身作用。还可提高机体的细胞免疫和体液免疫功能，促进淋巴细胞的转化。

補血虚为主 / 阿胶

阿胶性平，味甘，入肺、肝、肾诸经，以滋阴养血著称。历代医家视阿胶为妇科良药。民间称阿胶、人参、鹿茸为冬令进补"三宝"。又因阿胶对调治各种妇科病有独特之功，尤得女士们青睐。

補阴虚为主 / 冬虫夏草

冬虫夏草性温，味甘，入肺、肾二经，有补虚损、益精气、止咳化痰之功效。现代药理研究表明，冬虫夏草含蛋白质、脂肪（其中 82.2% 为对人体有益的不饱和脂肪酸）、糖、粗纤维、矿物质、虫草酸 (D- 甘露醇)、虫草素和维生素 B12 等成分，有增强免疫功能、增加心肌血流量、降低胆固醇、抗缺氧、抗癌、抗病毒、抗菌和镇静等作用。

冬季饮食三加一

冬天饮食要注意"三加一"，"三"即保温、御寒和防燥，"一"指的是进补。

"保温"/就是通过饮食以保持体温，即给机体增加热能的供给和蛋白质的含量。优质蛋白质不仅营养价值高，而且易于消化和吸收。肉类中，以牛肉、羊肉和兔肉为最好。

"御寒"/就是通过饮食以抵御寒冷。冬天饮食在注重供给热量的同时，应留意矿物质的补充。国人饮食，以五谷为养，五果为助，五畜为益，五菜为充。一般来说，一个人只要不偏食，能泛尝豆、肉、蛋、乳等食物，是可以保证人体对钾、钠、铁等元素的需求的。特别怕冷的人，可以多补充些根块和根茎类蔬菜，如胡萝卜、藕、莴笋、薯类等，因为这类蔬菜矿物质含量较高，老年人为防骨质疏松，可适当吃些豆类、花生、牛乳、虾皮、牡蛎、蛤蜊和橙子等含钙较多的食物。

"防燥"/就是通过饮食以防备干燥。冬季干燥，容易出现诸如皮肤干燥、皲裂和口角炎、唇炎等症，因此，饮食中补充维生素 B2 和维生素 C 十分必要。维生素 B2 在谷物和蔬菜中含量不多，多存在于动物肝、蛋、乳、豆类中；维生素 C 主要存在于新鲜蔬菜和水果中。

"三加一"/"一"是附加，指进补。俗话说："三九补一冬，来年无病痛。"冬至是进补的最好时机。这里之所以把"进补"作为"附加"，是因为进补必须以"虚"

为前提：虚则补之，不虚不补，更不能多补、滥补。

进补必须合理／"虚则补之"，虚有气、血、阴、阳之分。气虚者，头晕目眩、疲倦乏力、少气懒言、体弱自汗，食些人参、山药、薏苡仁之类有适当补益作用；血虚者，面色无华、手足麻木、心悸怔忡、视物昏花，食些红枣、桂圆、阿胶、枸杞子之类；阴虚者，五心烦热、心烦失眠、盗汗遗精、口燥咽干，可食些银耳、燕窝、百合、黄芪等；阳虚者，面色苍白、形寒肢冷、阳痿早泄、腰膝冷痛，可补以金匮肾气丸，亦可食些牛肉、羊肉、肉桂、麦乳精等。

冬季由于饮食及供暖等原因会让一些人体内虚火上升，感觉燥热，因此这些人在饮食中会不由自主地向往凉食。但是，脾胃不适、胃肠功能低下的人不适宜食用凉食，身体比较健康的年轻人可适当食用凉食为自己"降火"，这些人在进服了凉食后会感觉很舒适，但应该注意凉食的区分，如凉开水可以多饮，但冰激凌、冰镇饮料等冷饮食用后应该多喝清水，因为这些冷饮所含糖分较高，若不多喝开水进行稀释的话，会导致体内热量持续升高，从而达不到"降火"的目的。

另外，所谓的凉食指的是凉拌菜等，而非因放置时间过长而冷却的菜肴。冬季因饮食厚重，高油脂、高热量的食物摄入过多，而适当食用凉食对身体健康是有益的。

面食情结

制作时间 /30 分钟
烹饪时间 /5 分钟

紫薯油果

紫薯营养价值很高，此菜品无
糖。外焦糯，里面留香。

用料
紫薯泥 100 克
糯米粉 100 克
蛋黄馅 100 克

做法

1. 将紫薯泥加入糯米粉和成紫薯面团。

2. 将紫薯面团下剂包入蛋黄馅制成生坯。

3. 将生坯放入油锅中炸熟摆盘即可。

制作小贴士
制作蛋黄馅时要把蛋黄打碎加入
黄油。

制作时间 /30 分钟
烹饪时间 /8 分钟

蓝莓蛋挞

外酥里嫩，入口即化，口感极佳。

用料

皮料：（黄油 100 克、猪
油 100 克、面粉 300 克）

馅料：蓝莓酱

做法

1. 将 150 克面粉加入黄油 80 克、猪油 80 克和成油面。

2. 将剩余面粉和剩余油脂加水和成皮面。

3. 将油面包入皮面里面按照 3 折 4 叠法擀成油面皮。

4. 将油皮装入蛋挞壳，然后装上蓝莓馅，放入 300 ℃烤箱烤 8 分钟取出装盘即可。

制作小贴士

皮面和油面比例要准确，这样烤出的蛋挞入口即化。

制作时间 /30 分钟
烹饪时间 /10 分钟

杂粮烧麦

羊肉和胡萝卜搭配，既滋补
温身又味道鲜美。

用料
皮：（高筋粉 100 克、黑米面 50 克、
蛋清 10 克、盐少许）

馅料
羊肉馅 50 克
胡萝卜 50 克
大葱 20 克
姜 5 克
胡椒粉 3 克
香油 3 克
盐少许

做法
1. 将皮料放在一起加水和成烧麦皮面醒一下。
2. 将馅料放在一起打成烧麦馅备用。
3. 将醒好的面下剂擀成烧麦皮包入馅料制成烧麦生坯。
4. 将包好的烧麦放入蒸笼里面蒸 8 分钟出笼后装盘即可。

制作小贴士
羊肉馅配上胡萝卜最适宜。

制作时间 /60 分钟
烹饪时间 /10 分钟

牛肉面

汤清面筋道，肉烂味美妙。

用料

肉（牛腩 150 克、干辣椒 10 克、花椒 5 克、香叶 3 克、酱油 10 克、胡椒粉 5 克、盐少许）

面（面粉 150 克、鸡蛋 30 克、盐少许）

料（猪油 2 克、酱油 3 克、鸡精 2 克、香葱花 3 克）
牛肉汤 100 克

做法

1. 将牛肉切粒，沸水后加入调料制成卤牛肉。

2. 将面粉、鸡蛋和盐加水放在一起和成面团，然后把面团擀切成面条。

3. 将料放进碗里倒入牛肉汤，将面条煮熟放入牛肉汤中上面浇上卤牛肉即可。

制作小贴士
牛腩要煮烂，浇面时带点原汤。

制作时间 /20 分钟
烹饪时间 /10 分钟

椰香糯米糍

软糯香甜，美容养颜。

用料
糯米粉 200 克
猪油 20 克

馅料
熟黑芝麻 100 克
芝麻酱 50 克
白糖 10 克

做法

1. 将糯米粉、猪油加水和成皮面。

2. 将馅料放在一起调成黑芝麻馅。

3. 将皮面下剂包入黑芝麻馅粘上椰蓉上茏蒸 5 分钟出笼装盘即可。

制作小贴士
黑芝麻馅也可以加入果仁，如不喜欢甜食可以不加白糖。

制作时间 /30 分钟
烹饪时间 /8 分钟

薏米营养健康，软糯香甜。

薏米糍粑

用料
糯米粉 200 克
白糖 20 克
猪油 5 克
豆沙馅 100 克
熟薏米 50 克

做法
1. 将糯米粉、白糖和猪油加水放在一起和成糯米面。
2. 将糯米面下剂包入豆沙馅，搓成椭圆形外面粘上
熟薏米上笼蒸 5 分钟装盘即可。

制作小贴士
薏米要提前蒸熟。

制作时间 /20 分钟
烹饪时间 /5 分钟

牛肉煎包

外皮焦香，馅料香醇。

用料
面粉 200 克
酵母 5 克
泡打粉 3 克

馅料
白糖 3 克
牛肉馅 100 克
粉条 100 克
大葱 50 克
生抽 8 克
老抽 5 克
茴香粉、花椒粉各 3 克
香油 3 克
盐少许

做法
1. 将面粉加酵母、泡打粉、水和成发面面团。
2. 将牛肉馅加入粉条、大葱和调料调成煎包馅。
3. 将发面下剂包入牛肉馅上笼蒸 10 分钟，备用。
4. 将蒸好的煎包放入平底锅中煎至两面金黄装盘即可。

制作小贴士
发面时加入白糖，可以减少发酵面团的异味，煎制时颜色也会更好。

制作时间 /30 分钟
烹饪时间 /10 分钟

软糯香甜，软香味美。

宫廷桂花糕

用料
桂花糕 2 瓶
鸡蛋 2 个
面粉 100 克
酵母 5 克

做法
1. 将所有原料放在一起加水调成糊。

2. 将调好的糊装入模具发酵后放入蒸箱蒸

10 分钟，出笼后装盘即可。

制作小贴士
桂花糕的糊不能太稀也不能太稠，稀
了蒸不成形稠了品相不好。

制作时间 /10 分钟
烹饪时间 /5 分钟

杂粮糍粑

营养软糯，馅软醇香。

用料
糯米粉 200 克

黑米粉 50 克

馅料
咸肉 100 克

萝卜干 50 克

葱花 20 克

生抽 8 克

胡椒 3 克

盐少许

做法
1. 将糯米粉和黑米粉和成面团。

2. 将所有馅料放在一起炒成咸肉馅。

3. 将糯米面团下剂包入咸肉馅，用竹叶包起来上茏蒸 5 分钟，出笼装盘即可。

制作小贴士
咸肉馅炒出来才香。

煎饼软香，营养美味。

双色煎饼

用料

菠菜汁 200 克

南瓜汁 100 克

彩椒粒 10 克

葱花 10 克

面粉 100 克

鸡蛋 2 个

做法

1. 将菠菜汁和南瓜汁分别加入鸡蛋、面粉、彩椒粒和葱花调成糊，备用。

2. 将两种糊分别在平底锅中摊成薄饼，卷起切段装盘即可。

制作小贴士

煎饼里面的菜汁要用纯菜汁，这样煎出的饼原汁原味。

制作时间 /10 分钟
烹饪时间 /5 分钟

养生清汤面

面条劲道，汤清味美。

用料

高筋粉 100 克

蛋清 50 克

清鸡汤 200 克

青菜 1 棵

枸杞 2 个

盐少许

做法

1. 将面粉、蛋清和盐放在一起和成面团制成细面条。

2. 碗中放入清鸡汤调味。

3. 将面条和青菜煮熟放入碗里浇入清鸡汤放上枸杞即可。

制作小贴士

和面时纯蛋清就行不用加水，这样制出的面条筋道白净。

制作时间 /30 分钟
烹饪时间 /8 分钟

杂粮蒸饺

外皮筋道，馅料软香可口。

用料
高粱面 100 克
高筋粉 100 克

馅料
驴肉 100 克
香葱 100 克
香油 5 克
盐少许

做法

1. 将高粱面和高筋粉放在一起加开水烫熟和匀。

2. 将驴肉切成粒拌入调料备用。

3. 将和好的面团下剂包入馅料制成蒸饺。

4. 将蒸饺放入蒸笼蒸 8 分钟出笼装盘即可。

制作小贴士
蒸饺皮要用烫面，这样蒸出的蒸饺筋道味美。

制作时间 /30 分钟
烹饪时间 /5 分钟

千层莲藕酥

层次分明，馅心香甜，形象
精美。

用料
酥皮 10 蒸
莲蓉馅 80 克
紫菜条 20 根

做法
1. 将酥皮包入莲蓉馅，两边用紫菜条缠上。
2. 将制好的莲藕酥放入油锅中炸熟。
3. 将炸好的莲藕酥装入纸杯中装盘即可。

制作小贴士
炸制时要注意油温。

开花叉烧包

制作时间 /30 分钟
烹饪时间 /10 分钟

表面软甜可口，馅料香糯可口。

用料
面粉 200 克
臭粉 10 克
酵母 5 克
白糖 5 克
叉烧馅 100 克

做法

1. 将面粉、臭粉、发酵粉、白糖拌在一起加入水和成面团。

2. 将和好的面团包入叉烧馅制成叉烧包生坯。

3. 将叉烧包生坯放入发酵箱发酵。

4. 将发酵好的叉烧包放入蒸笼蒸 10 分钟出笼装盘即可。

制作小贴士

制作面团时要加入白糖和臭粉，这样蒸出的叉烧包会开花。

制作时间 /15 分钟
烹饪时间 /10 分钟

外皮晶莹透亮，馅料鲜美可口。

蟹黄水晶包

用料
皮 (澄面 100 克、生粉 30 克)

馅料
虾仁 50 克
蟹黄 50 克
肥膘肉 50 克
葱花姜末各 10 克
马蹄 10 克
盐少许

做法
1. 将皮料加入开水烫成水晶皮。

2. 将所有馅料拌在一起制成蟹黄馅。

3. 将水晶皮包入蟹黄馅成水晶包生坯。

4. 将水晶包放入蒸笼里面蒸 5 分钟出笼即可。

制作小贴士
澄面和生粉比例为 5:1，这样蒸出的
水晶皮会透亮。

宫廷豌豆黄

制作时间 /60 分钟
烹饪时间 /205 分钟

绵甜可口，入口即化。

用料
去皮豌豆 200 克
白糖 50 克

做法

1. 将豌豆洗净放入锅中煮烂加入白糖熬成沙。

2. 将熬好的豌豆沙倒入盘中晾凉后切块即可。

制作小贴士
制作豌豆黄要用去皮豌豆。

制作时间 /10 分钟
烹饪时间 /3 分钟

串炸云吞

外皮焦软,馅料脆香,入口流汤。

用料
云吞皮 100 克

馅料
肉馅 60 克
马蹄 40 克
香葱花 20 克
味料 4 克
生抽 5 克
香油 3 克
盐少许

做法
1. 将所有馅料拌在一起制成云吞馅。
2. 将云吞馅包入云吞皮里。
3. 将包好的云吞用竹签串起来放入煎锅中煎熟即可。

制作小贴士
煎云吞时要先用水煎再用油煎。

香煎素菜托

此菜香软可口，农家风味浓郁。

用料

茄子 200 克

面粉 60 克

鸡蛋 2 个

香料 3 克

盐少许

做法

1. 将茄子切成细丝拌入其余原料和调料制成稠糊。

2. 将调好的茄子糊放入平底锅中煎成饼，切块装盘即可。

制作小贴士

打茄子糊时加入鸡蛋煎出的饼又

虚又软又香。

制作时间 /20 分钟
烹饪时间 /5 分钟

奶香四溢，脆甜可口。

杏片琵琶果

用料
皮（南瓜泥 100 克、糯米粉 100 克、
澄粉 20 克、白糖 5 克）

奶黄馅 100 克
杏仁片 50 克

做法
1. 将皮料里面的原料放在一起和成面团。

2. 将和好的南瓜面团包入南瓜馅料制成琵琶果样子
然后给其插上杏仁片，放入油锅中炸熟装盘即可。

制作小贴士
炸制时要注意火候，先用油泡，
再用大火炸。

禽肉 桌上主角 健康之本

禽肉是我们日常生活中最常食用的肉类，包括鸡肉、鸭肉、鸽子、鹅肉等，其因为价格合理，是为餐桌上不可缺少的食材之一。说到餐食丰盛，我们通常会说鸡鸭鱼肉俱全，其中禽肉就占了两样，可见禽肉被食用的广泛性。一家子团聚的时候，禽肉菜总是扮演着重要的角色。

鸡肉质细嫩，滋味鲜美，适合多种烹调方法，并富有营养，有滋补养身的作用。鸡肉不仅适于热炒、炖汤，还适合冷食凉拌。鸡肉含有维生素C、E等，蛋白质的含量比例较高，且消化率高，很容易被人体吸收利用，有增强体力、强壮身体的作用。另外，其还含有对人体生长发育有重要作用的磷脂类，是中国人膳食结构中脂肪和磷脂的重要来源之一。我国食鸡肉的历史悠久，大约在七八千年前的新石器时代就有了圈养鸡。鸡肉对营养不良、畏寒怕冷、乏力疲劳、月经不调、贫血、虚弱等有很好的食疗作用。

鸡肉的蛋白质含量根据部位、带皮和不带皮是有差别的，从高到低的大致排列顺序为去皮的鸡肉、胸脯肉、大腿肉。去皮鸡肉和其他肉类相比较，具有低热量的特点。但是，皮部存有大量脂类物质，所以绝对不能把带皮的鸡肉称作低热量食品。每100克去皮鸡肉中含有24克蛋白质、0.7克脂类物质，是几乎不含脂肪的高蛋白食品。在欧美的减肥人士心目中，鸡肉是不可多得的减肥食品。鸡胸肉几乎不含脂肪却有着超多的蛋白质，堪称完美的食物。鸡肉也是磷、铁、铜与锌的良好来源，并且富含维生素B12、维生素B6、维生素A、维生素D、维生素K等。鸡肉的脂类物质和牛肉、猪肉比较，含有较多的不饱和脂肪酸——油酸（单不饱和脂肪酸）和亚油酸（多不饱和脂肪酸），能够降低对人体健康不利的低密度脂蛋白胆固醇。

　　鸡的品种繁多，但作为美容食品，以乌鸡为佳。其性味甘温，含有蛋白质、脂肪、硫胺素、核黄素、维生素A，维生素C、胆甾醇、钙、磷、铁等多种成分。乌鸡入肾经，具有温中益气、补肾填精、养血乌发、滋润肌肤的作用。爱美的女士们可不要错过哦。鸡肝性味甘微温，能养血补肝，凡血虚目暗、患夜盲症的人可多吃。此外，鸡蛋也是我们做菜的主力军之一，仿佛这世界上所有的菜都能跟鸡蛋一起炒，鸡蛋百搭的特性、丰富的营养让其成为判断一家的厨房和冰箱是否只是摆设的标准之一。蛋黄具有清热解毒、收敛生肌的作用，外擦还可治疗婴儿湿疹、乳头皲裂、冻疮溃烂、水火烫伤、口腔溃疡等症。

　　煮妇们如何才能挑选到好的鸡肉？

　　市场生鸡肉怎么选？关键是要注意观察鸡肉的外观、颜色及质感。一般来说，新鲜卫生的鸡肉块大小不会相差特别大，颜色会是白里透红，看起来有亮度，手感比较光滑。如果所见到的鸡肉注过水的话，肉质会显得特别有弹性，仔细看的话，会发现皮上有红色针眼，针眼周围呈乌黑色。注过水的鸡用手去摸的话，会感觉表面有些高低不平，似乎长有肿块一样，而那些未注水的正常鸡肉摸起来都是很平滑的。

　　超市里的熟食烧鸡怎么选？如果是烧鸡类的熟食，主要看鸡的眼睛。一般来说，如果鸡的眼睛是半睁半闭的状态，那么基本可以判断，这不是病鸡。因为，病死的鸡在死的时候眼睛就已经完全闭上了。还有，肉皮里面的鸡肉如果呈现出白色，基本上也可判断出，这是健康鸡做的烧鸡，因为病瘟鸡死的时候一般都是没有放血的，那种鸡做出来的烧鸡，肉色也会是红的。

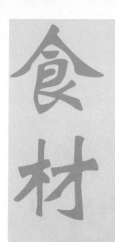

牛羊肉 西北风味 大快朵颐

说到牛羊肉，很多人就开始流口水。牛肉是全世界人都爱吃的食物。牛肉蛋白质含量高，而脂肪含量低，味道鲜美，受人喜爱，享有"肉中骄子"的美称。

以前我们看美国人高大威猛，总是感叹，不愧是吃牛肉长大的，体格就是不一样。多吃牛肉真的可以变得强壮吗？牛肉中含有丰富的钾和蛋白质，钾是大多数运动员饮食中较缺少的矿物质，身体里钾含量水平低，蛋白质的合成及生长激素的产生就会受到抑制，肌肉生长就会受到影响。牛肉的氨基酸组成比猪肉更接近人体需要，能提高机体抗病能力，对已处于生长发育中的孩子及手术后、病后调养的人多有补益。牛肉寒冬里进食有暖胃作用，为寒冬补益佳品。牛肉的营养价值很高，自古就有"牛肉补气，功同黄芪"之说。中医认为：牛肉有补中益气、滋养脾胃、强健筋骨、化痰息风、止渴止涎的功能。适用于中气下陷、气短体虚、筋骨酸软、贫血久病及面黄目眩的人食用。牛肉不宜常吃是错误的，牛肉是西方发达国家经常食用的食物，如美国前加州州长施瓦辛格即是把牛肉作为主餐。在西餐中，牛肉的地位不可撼动。传说英国国王亨利八世很喜欢吃牛肉，有一天吃了一块特别美味的牛排，高兴之下把这种牛排封了爵位——Sir，从此就有了沙朗牛排——Sirloin steak。

牛肉有很多种做法。给手术后的病人食用，可以用牛肉加红枣炖制。牛筋性味甘平，有补肝强肾、益气力、续绝伤的作用。血虚、骨折病人可食之。牛肝性味甘平，能补血养肝、明目，凡痔夜盲、产后血虚、面色萎黄者可多食。牛血性味甘凉，能养血理血，滋阴润肤。牛脂能治诸疮疥癣。牛肉中所含的肌氨酸可以提高人的智力，对于需要"临时提高智力"临考学生尤其适用。牛肉中的肌氨酸含量比其他肉类都高，肌氨酸是肌肉的燃料之源，它可以有

效补充三磷酸腺苷，从而使人在训练时能坚持得更久。牛肉是理想的食物之一，连续几周甚至几个月日复一日地食用，鸡胸会令人生厌，牛肉则不同，牛的后腿肉、侧腹肉、上腰肉、细肉片在滋味和口感上都不同，单调乏味的鸡胸肉的确不可同日而与之媲美。牛肉虽然可以常吃，但是什么好东西吃多了都会物极必反，所以一天最多 100 克就好。

如何挑选一块好牛肉呢？一看，看肉皮有无红点，无红点是好肉，有红点者是坏肉。看肌肉，新鲜肉有光泽，颜色均匀；较次的肉，肉色稍暗。看脂肪，新鲜肉的脂肪洁白或呈淡黄色，次品肉的脂肪缺乏光泽，变质肉脂肪呈绿色。二闻，新鲜肉具有正常的气味，较次的肉有一股氨味或酸味。三摸，一是要摸弹性，新鲜肉有弹性，指压后凹陷立即恢复，次品肉弹性差，指压后的凹陷恢复很慢甚至不能恢复，变质肉无弹性；二要摸黏度，新鲜肉表面微干或微湿润，不粘手，次新鲜肉外表干燥或粘手，新切面湿润粘手，变质肉严重粘手，外表极干燥，但有些注水严重的肉也完全不粘手，但可见到外表呈水湿样，不结实。煮妇们一定要到正规菜市场、超市购买放心牛肉。

说到羊肉，我们直接会想到新疆这个美丽的地方，还有卖羊肉串的阿凡提大叔，一股亲切感油然而生。爱吃羊肉的人不在少数，羊肉特有的鲜香软嫩是其他肉类所没有的。羊肉有山羊肉、绵羊肉、野羊肉之分。日常生活中我们吃的多是绵羊肉，比如炒菜、涮羊肉用的肉等等，可是会有很多人询问，饭店里有些用山羊肉做的菜，比如"炖黑山羊肉""清炖山羊肉"等，到底和绵羊肉有什么区别？从口感上说，绵羊肉比山羊肉更好吃，这是由于山羊肉脂肪中含有一种叫 4—甲基辛酸的脂肪酸，这种脂肪酸挥发后会产生一种特殊的膻味，需要特别烹制，所以日常烹饪，以绵羊肉为宜。

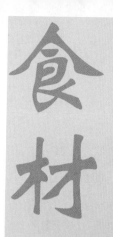

猪肉 全身是宝

猪肉性味甘咸平，含有丰富的脂肪、碳水化合物、钙、磷、铁等成分。猪肉是日常生活的主要副食品，具有补虚强身、滋阴润燥、丰肌泽肤的作用。凡病后体弱、产后血虚、面黄瘦弱者，皆可用之作营养滋补之品。猪肉是目前人们餐桌上重要的动物性食品之一。猪肉纤维较为细软，结缔组织较少，肌肉组织中含有较多的肌间脂肪，因此，经过烹调加工后肉味特别鲜美。在畜肉中，猪肉的蛋白质含量最低，脂肪含量最高。瘦猪肉含蛋白质较高，每100克可含高达29克的蛋白质，含脂肪6克。经炖煮后，猪肉的脂肪含量会降低。猪肉还含有丰富的维生素B，食之可以使身体感到更有力气。猪肉还能提供人体必需的脂肪酸。猪肉性味甘咸，滋阴润燥，可提供血红素（有机铁）和促进铁吸收的半胱氨酸，能改善缺铁性贫血。猪排滋阴，猪肚补虚损、健脾胃。《本草备要》指出，"猪肉，其味隽永，食之润肠胃，生津液，丰肌体，泽皮肤，固其所也。"《随息居饮食谱》也指出，猪肉"补肾液，充胃汁，滋肝阴，润肌肤，利二便，止消渴"。

在我国，猪肉是受众最广的肉类。根据美国农业部统计，2011年猪肉总消耗量以中国最多，而若以平均每人食用的猪肉量计，则以捷克第一，其次为台湾、波兰。此外，中国是猪肉生产大国，中国产猪肉占全世界猪肉肉品46%以上，接下来则是美国，为7%。

猪肉根据其不同部位肉质的不同，一般可分为四级。特级的是里脊肉，代表菜式为糖醋里脊，里脊肉含较少脂肪，肉嫩，口感上佳；一级的是通脊肉和后腿肉，脂肪适度，韧劲十足；二级的是前腿肉和的五花肉，脂肪和瘦肉参半，如大理石纹路般，适合烧烤涮肉，脂香四溢；三级是血脖肉、奶脯肉、前肘、后肘，肉质含脂肪较多，含丰富胶原蛋白，是美容养颜圣品。不同肉质，烹调时有不同吃法。吃猪肉，不同位置的肉口感也不同。猪身上里脊肉最嫩，

后臀尖肉相对老些。炒着吃可买前后臀尖；炖着吃可买五花肉；炒瘦肉最好用通脊；做饺子、包子的馅要买前臀尖。

除了大面积又实在的猪肉之外，猪的全身都是宝，猪的各个部位都是饕餮者的最爱。我们常说的，吃哪补哪大多指的是猪肉。

猪头肉，我国从古到今都有拿猪头祭祀的习俗，腌制好的猪头肉不管是猪耳朵还是猪舌头都是下酒好菜。四川人爱拿猪脑下麻辣火锅，猪颈肉也是最近时兴的小炒菜的重要食材。

猪皮，性味甘凉，含有较多的胶质成分，能营养肌肤，将猪皮煮熟成冻子，吃了能使人皮肤光洁细腻。另外，烤猪皮也是烧烤界的新秀广受喜爱。

猪胰，具有治疗白癜风的奇效。猪胰1具，酒浸一小时，饭上蒸熟食用对白癜风患者有辅助疗效。猪肝，含丰富维生素群，有着清肺养肝的作用，特别适合在春季食用。

猪蹄，性味甘咸平，有补血、通乳、托疮的作用，可用于产后乳少、痈疽、疮毒等症。猪蹄大肘子可是北方人在立秋贴膘时的主力军，吃法多种多样，炖汤鲜美营养丰富，秘制酱肘子适合直接上手大快朵颐，一直是餐桌上的主力硬菜。

猪尾巴也是一道可口的下酒菜，红烧猪尾现如今可不是每家餐馆都有的。因为养殖猪的猪尾较短，要凑够一盆可不容易。

猪大肠是很多食客的心头肉，一道溜肥肠极具喜剧效果，能把气氛炒到最高。美食家们冒着脂肪摄入过多的风险，仍然奋斗在消灭肥肠的一线战场，可见其美味难以替代。

鱼肉 蛋白质群 健康首选

鱼 的种类很多，主要的食用淡水鱼有鲤鱼、草鱼、鲫鱼、鳜鱼等，海水鱼有黄鱼、带鱼、平鱼等。它们都具有肉质细嫩鲜美、营养丰富等特点，是维生素、矿物质的良好来源。 鱼肉给人的感觉就是美味，一个"鲜"字便可看出端倪。

鱼肉味道鲜美，不论是做菜还是做汤，都清鲜可口，是人们日常饮食中比较喜爱的食物。鱼类种类繁多，大体上分为海水鱼和淡水鱼两大类。但不论是海水鱼还是淡水鱼，其所含的营养成分大致是相同的，所不同的只不过是各种营养成分的多少而已。

鱼肉营养价值极高，经研究发现，儿童经常食用鱼类，不仅生长发育比较快，智力的发育也比较好。成人经常食用鱼类，人的身体会比较健壮，寿命也比较长，其奥妙在于鱼类的以下营养特点：

1. 鱼肉含有叶酸、维生素 B2、维生素 B12 等维生素，有滋补健胃、利水消肿、通乳、清热解毒、止嗽下气的功效，对各种浮肿、腹胀、少尿、黄疸、乳汁不通皆有效。

2. 食用鱼肉对孕妇胎动不安、妊娠性水肿有很好的疗效。

3. 鱼肉含有丰富的镁元素，对心血管系统有很好的保护作用，有利于预防高血压、心肌梗死等心血管疾病。

4. 鱼肉中富含维生素 A、铁、钙、磷等，常吃鱼还有养肝补血、泽肤养发的功效。

5. 含有丰富的完全蛋白质。鱼肉含有大量的蛋白质，如黄鱼含 17.6%、带鱼含 18.1%、鲐鱼含 21.4%、鲢鱼含 18.6%、鲤鱼含 17.3%、鲫鱼含 13%。鱼肉所含的蛋白质都是完全蛋白质，而且蛋白质所含必需氨基酸的量和比值最适合人体需要，容易被人体消化吸收。

6. 脂肪含量较低，且多为不饱和脂肪酸。鱼肉的脂肪含量一般比较低，大多数只有 1% ~ 4%，如黄鱼含 0.8%、带鱼含 3.8%、鲐鱼含 4%、鲢鱼含 4.3%、鲤鱼含 5%，鲫鱼含 1.1%，鳙鱼（胖头鱼）只含 0.9%、墨斗鱼只含 0.7%。鱼肉的脂肪多由不饱和脂肪酸组成，不饱和脂肪酸的碳链较长，具有降低胆固醇的作用。

7. 无机盐、维生素含量较高。海水鱼和淡水鱼都含有丰富的磺，还含有磷、钙、铁等无机盐。鱼肉还含有大量的维生素 A、维生素 D、维生素 B1 等。这些都是人体需要的营养素。

另外，鱼肉的肌纤维比较短，蛋白质组织结构松散，水分含量比较多，因此，肉质比较鲜嫩，和禽畜肉相比，吃起来更觉软嫩，也更容易被消化吸收。鱼肉一般人群都可食用，各种浮肿、腹胀、少尿、黄疸、乳汁分泌不通畅等人可常食，但慢性病患者不宜多吃鱼肉。

鱼肉属于瘦肉型，100 克鱼肉所含脂肪不足 2 克，而 100 克香肠含脂肪多于 10 克。即便最油腻的挪威鲑鱼，其所含的热量也比猪排少一半。鱼肉还是蛋白质的重要来源。鱼肉容易被人体吸收，100 克鱼肉可保证人体每天所需的蛋白质的一半。鱼肉还供给人体所需要的维生素 A、D、E 等。鱼肉中还含有多种脂肪酸，这种物质能够防止血黏度增高，可有效防止心脏病的发生，并能强健大脑和神经组织及眼睛的视网膜。对孕妇和婴儿来说，这些脂肪酸更是不可缺少。科学家的一项最新研究表明，脂肪酸还能起到辅助治疗慢性炎症、糖尿病和某些恶性肿瘤的作用。

鱼肉还是高钠食品，有利于人体的矿物质保持平衡。鱼肉以天然的方式供给人体硒、碘和氟。所以，食用鱼肉不用担心吸收过多的微量元素。鲑鱼所含的硒最多，河鱼则要少一半。

豆腐 素食先锋 延年益寿

豆腐营养丰富，含有铁、钙、磷、镁等人体必需的多种微量元素，还含有糖类、植物油和丰富的优质蛋白，素有"植物肉"之美称，是素食主义者的不二之选，豆腐的消化吸收率达 95% 以上。两小块豆腐，即可满足一个人一天钙的需要量。100 克豆腐含钙量为 140 ~ 160 毫克，豆腐又是植物食品中含蛋白质比较高的食品之一，它含有 8 种人体必需的氨基酸，还含有动物性食物缺乏的不饱和脂肪酸、卵磷脂等。

豆腐含有丰富的大豆异黄酮，大豆异黄酮是一种植物性雌激素，又称为植物动情激素，是一种天然荷尔蒙，被认为有防癌丰胸的功效，目前几乎没有明显副作用的报告。1 公斤的大豆只能萃取 17.5 毫克的大豆异黄酮。但乳癌患者不可食用大豆异黄酮，因其会刺激女性荷尔蒙分泌增加，使乳癌更加恶化。

豆腐历史悠久，是我国古代劳动人民智慧的结晶。相传豆腐出现于公元前 164 年，由汉高祖刘邦之孙——淮南王刘安所发明。刘安在八公山上烧药炼丹的时候，偶然以石膏点豆汁，从而发明豆腐。到宋代豆腐方才成为重要的食品。南宋诗人陆游记载苏东坡喜欢吃蜜饯豆腐面筋；吴自牧《梦粱录》记载，京城临安的酒铺卖豆腐脑和煎豆腐。明代李时珍《本草纲目》详细记述了制造豆腐的工艺。

日本传统的观点认为，唐代鉴真和尚在公元 757 年东渡日本时把制作豆腐的技术传入日本，到十四世纪，日本文献中多次出现"唐腐""唐布"等词，而"豆腐"一词，迟至 1489 年才出现于日本。天明二年（1782 年），大阪曾谷川本出版了一部名为《豆腐百珍》的食谱，书中介绍了 100 多种豆腐的烹饪方法。豆腐在宋朝时传入朝鲜，19 世纪初才传入欧洲、非洲和北美。如今豆腐在越南、泰国、韩国、日本等国家已成为主要食物之一。

在 20 世纪中期，西方国家还不太熟悉豆腐，随着中西文化交流，以及

素食主义的流行和健康食物的日趋重要，在20世纪末期豆腐已广为西方人食用。现今，在西方的亚洲产品市场、农产品市场、健康食品店和大型超级市场都能买到豆腐。在中国的超级市场，可以找到4～5种不同软硬度的豆腐。

豆腐的原料是黄豆、绿豆、白豆、豌豆等。这些豆类本身就是营养丰富的蔬菜，豆腐的营养物质更多，主要是蛋白质、钙、镁等营养元素增加。如今豆腐已经成为不可或缺的一道美食，无论从营养价值、健康养生还是口感味道来说都是无可挑剔的。在亚洲人的菜肴中，豆腐可以是咸的、辣的或成为甜品，它可以吸收其他材料的味道。

在美国和欧洲，豆腐经常与素食主义和禁肉主义连在一起。由于豆腐含有丰富的蛋白质，它也被制成肉类的替代食品。通常，硬豆腐切成块状，可以代替肉串烤。软豆腐则做成甜品、煮成汤类食用。西方纯素食主义者将豆腐的水分沥干后，当作起司撒在生菜沙拉上。

最硬的豆腐称为豆干或豆腐干，因为它只含少许的水分。豆干可以制成面条般的细长丝，叫作干丝，可以用来与肉丝、青菜炒制成菜。最软的豆腐在中国南方被制成甜品，称为豆花。中国南方地区、港澳和台湾，夏季时食用豆花会加入冰糖水、泡软的花生仁和碎冰；冬季时，则食用热豆花，豆花中会加入热糖水和少许软花生仁，有时也会加入一点儿姜汁以趋寒。

新鲜的豆腐有一股黄豆的香味。豆腐如果没有妥善保存或冰箱冷度不够，很容易馊掉，可以闻到或吃到酸味，此时不可再食用。买回来的豆腐应连同包装放进冰箱冷藏；若已打开包装，则需要浸入加了少许盐的清水中，再放进冰箱，天天换上干净的清水，尽快在有效期限内食用。

豆腐本身其实没有什么味道，但是含有高蛋白质，因此在烹饪的过程中可以被做成各式各样的菜肴，它可以吸收各种佐料的味道，像起司、布丁、蛋或咸火腿的味道等。

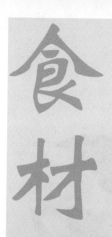

蔬菜 每日必备 多吃多好

蔬菜中含有大量水分，通常为 70%～90%，此外便是数量很少的蛋白质、脂肪、糖类、维生素、无机盐及纤维素。判断蔬菜营养价值的高低，主要是看其所含维生素 B、C、胡萝卜素量的多少。根据科学分析，颜色越深的蔬菜，所含维生素 B、C 与胡萝卜素越多，绿色蔬菜被营养学家列为甲类蔬菜，主要有菠菜、油菜、卷心菜、香菜、小白菜、空心菜、雪里蕻等。这类蔬菜富含维生素 B1、B2、C、胡萝卜素及多种无机盐等，其营养价值较高。

胡萝卜中含胡萝卜素较高，并且还含有可防癌的本质素及能降压的琥珀酸钾盐；紫色茄子中含维生素 D 较高；辣椒、柿子椒中含维生素 C 和胡萝卜素也较高。蔬菜中含有丰富的无机盐，如钙、钾、镁、钠等，这些无机元素，在体内最后代谢物为碱性，所以蔬菜对人体内酸碱平衡的维持是非常重要的。

然而有些蔬菜，如菠菜、苋菜、蕹菜、竹笋、洋葱、茭白，虽含钙丰富，但含草酸也较高，易形成草酸钙沉淀，影响钙的吸收。所以对于婴幼儿、孕妇、骨折的病人，尽量减少食用含草酸过多的蔬菜。有实验证明过多偏食菠菜影响锌的吸收。

蔬菜中含有纤维素、半纤维素、本质素和果胶等不为人体消化酶水解的部分，可阻止或减少胆固醇的吸收。所以多吃新鲜蔬菜有利于防治动脉粥样硬化症。

下面我们分类简介各种蔬菜吧。

叶苔类：无机盐和维生素的重要来源。在这类蔬菜中尤以绿色叶菜为蔬菜类食物的代表，如油菜、小白菜、雪里蕻、荠菜、韭菜等含有较多的胡萝卜素、维生素 C，并含有一定量的维生素 B2。

　　绿叶菜含有较多的钙、磷、钾、镁及微量元素铁、铜、锰等，且钙、磷、铁的吸收和利用较好，而成为钙和铁的一个重要来源。但也有一部分蔬菜（菠菜、苋菜、空心菜）因含有较多的草酸，能与钙结合，形成不溶性草酸钙，不能被人体吸收。如果在炒之前将菜用水烫一下，既可去掉涩味，又可除去草酸。

　　油菜又名芸苔，种子及菜油均可供药用。油菜煮汁或捣碎绞汁可治急性乳痛、无名肿毒。菜油还可治诸虫入耳。

　　白菜营养丰富，菜质软嫩，清爽适口，含维生素C、钙、磷、铁、胡萝卜素较丰富。并且还有通利肠胃，除胸中烦，解毒醒酒，消食下气，和中，利大、小便等功用。汁可治木薯中毒，与红糖、生姜一同煎服还可治感冒。白菜与绿豆芽、马齿苋一同捣烂，外敷可治丹毒。

　　芥菜性味辛、温，无毒。久食则积温成热，辛散太盛，耗人真元，肝木受病，昏人眼目，发人痔疮。芥菜叶为雪里蕻，其营养价值很高，每克含钙、铁、胡萝卜素、维生素C很多，还含有维生素B1、B2、烟酸。芥菜杆可治牙龈肿烂。鲜芥菜捣汁可治咳血。芥菜籽与萝卜籽、橘皮、甘草煎水可治慢性支气管炎。鲜芥菜煎水代茶饮治小便不通。芥菜根研末与蜜糖水调服可治痢疾。

　　韭菜温中下气，补虚，调和脏腑，益阳，止泄。韭菜温补肝肾，助阳固精作用突出。韭菜叶热根温，生则辛而散血，熟则甘而补中。韭菜对高血脂及冠心病有好处，因为它不仅含有具有降低血脂作用的挥发油及硫化物，还含有大量有益身体的纤维素。韭菜中还含有较多的胡萝卜素、维生素B、C及钙、磷、铁等矿物质。在临床应用上韭菜汁可治噎膈反胃、胸脘隐痛；根煎水可治痔疮、脱肛、子宫脱垂。根叶捣汁能治愈慢性便秘。韭菜汁、生姜汁加糖调服可治孕期恶心呕吐。韭菜籽研粉和面做饼蒸食对小儿尿床有一定功效。

菌菇 山中珍宝 养生秘方

其实菌菇也是蔬菜的一种，为什么要单列出来介绍呢？因为菌菇品种丰富，营养价值高，纯天然无公害，在平日膳食中有着精彩的表现力，因而受到越来越多煮妇们的喜爱。

食用菌类可分野生菌与人工栽培菌两类。野生的约有200多种，味鲜美，如口蘑、鸡油菌等。栽培的食用蕈类主要有洋蘑菇、香菇、银耳、黑木耳等。食用蕈类的营养素含量并不突出，但风味佳美，是烹调菜肴的佳品，同时有些种类还有一定的保健作用和药用价值。

食用菌菇是理想的天然食品和多功能食品。目前在全世界食用最多的通称为蘑菇。从野生种类中进一步筛选驯化优质生产菌种大有潜力。中国曾在世界上首次驯化了蒙古口蘑，但野生食用菌更加美味，如牛肝菌、羊肚菌、铆钉菇、正红菇等，它们也可以大量采集到，可满足国内外市场。这才是真正的大自然给予我们的馈赠。

我们这里就简单介绍几种日常膳食中常见的菌菇。

香菇。别称香菌。甘平，开胃，治溲浊不禁。痧豆后、产后、病后忌食，性能动风。其含有许多种氨基酸，还含有降低血脂的物质，是一种抗佝偻病的食物，对肠风下血、子宫颈癌也有辅助治疗作用。

黑木耳。性味甘、平，功能为益气不饥，润肺补脑，轻身强志，断谷治痔，和血养荣。含有蛋白质、脂肪、糖和无机盐。主治崩中漏下、痔疮出血、高血压、血管硬化、便秘等。可减少血液凝结，对防治动脉粥样硬化、冠心病有一定作用。在如今污染严重的环境里，多吃黑木耳可以起到洗肺去尘的作用，有"菌菇吸尘器"一称。

银耳是由许多薄而多皱褶的扁平形瓣片组成，一般呈菊花状或鸡冠状，直径5～10厘米，柔软洁白，半透明，富有弹性。银耳含有较多的胶质，

能吸收大量水分，干燥后呈角质状，硬而脆，呈白色或米黄色，当它吸水后又能恢复原状。银耳同其他"山珍"一样，不仅是席上珍品，而且在医学宝库中也是久负盛名的良药。质量上乘者称作雪耳。银耳中含丰富的胶质、多种维生素和17种氨基酸及肝糖。银耳中含有一种重要的有机磷，具有消除肌肉疲劳的功能。银耳被人们誉为"菌中之冠"，既是名贵的营养滋补佳品，又是扶正强壮之补药。历代皇家贵族将银耳看作是"延年益寿之品""长生不老良药"。银耳富有天然植物性胶质，加上它的滋阴作用，长期服用可以润肤，并有祛除脸部黄褐斑、雀斑的功效。银耳中的有效成分酸性多糖类物质，能增强人体的免疫力，能调动淋巴细胞加强白细胞的吞噬能力，增强骨髓造血功能。银耳中的膳食纤维可助胃肠蠕动，减少脂肪吸收，从而帮助人达到减肥的效果。能增强肿瘤患者对放疗、化疗的耐受力。

竹荪口味鲜美，营养丰富，香味浓郁，滋味鲜美，被列为世界名贵食用菌之一。夏秋季寄生在枯竹根部或其他树木的根、叶腐烂后形成的腐殖质和土地上群生或单生。竹荪由于对生长条件要求苛刻，少之又少，因此自古就有"草八珍"之说，是给皇上的贡品。目前国内只有赤道至北纬30度之间的南方少数林木资源丰富的山区可以种植，如福建三明、四川、台湾、广东、广西、海南、贵州、云南等。竹荪的子实体中等至较大，幼时为卵状球形，后伸长，菌盖呈钟形，柄白色，中空，壁海绵状，孢子椭圆形。由于产量比较低，竹荪市场价格比较高。因为含有丰富的多种氨基酸、维生素、无机盐等，竹荪具有滋补强壮、益气补脑、宁神健体的功效。可补充人体必需的营养物质，提高机体的免疫抗病能力。竹荪能够保护肝脏，减少腹壁脂肪的积存，有俗称的"刮油"作用，从而产生降血压、降血脂和减肥的效果。

羊肚菌又称羊肚菜，大多分布在我国的西部地区，味道鲜美，形似羊肚而得名，是一种优质的食用菌，可作药用，益肠胃，化痰理气，含有丰富的氨基酸。

关于郭文俊

郭文俊、艺名李博

1967 年出生，硕士学位。

郭文俊十四岁拜老一辈丁氏御厨七代传人丁广州为师，1983 年参加全国中青年厨师培训班深造后，相继被多家星级涉外宾馆酒店聘为技术总监或总经理。曾获得全国第六届烹饪大赛金奖、法国厨师联合会特别金奖、亚洲烹饪大赛金奖等国内外众多知名奖项，并荣获最佳烹调师、技术能手、亚洲最佳厨师、荣誉美食博士等荣誉称号。

1992 年郭文俊再次只身一人到广州学习，为了进一步全面提高厨艺，又赴香港参加了国际厨师训练班。在港学习深造生涯中，他不但学会了新派粤菜、香港菜及西餐的制作技能，而且还进修学习了先进的厨房管理知识，并以优异成绩获得了国际公证通用厨师证书及餐饮经营高级厨房管理师证书。郭文俊经过对厨房管理不断探索，2004 年获得中国国际职业经理人资格认证，随后以优异成绩考取国际高级工商管理师，同时已被国家人事部企业经营管理人才库收录编制。

郭文俊不但精通菜品设计、厨房管理，还擅长使用天然草木药材秘制成汤，他自创的"金蝌蚪面"已申请专利。在粤菜、港菜及西餐方面有着深厚功底的他所制作的西餐改良菜式"烤羊脊""爱斯可劳步""萝卜汁烤鸡"等菜肴深受食客好评，多次成功接待国家重要领导人和国外友好人士，得到诸多业内专家称赞。世界文化遗产（ICOMOS）首席协调官员亨利·克利儿博士下榻他所主理的酒店时，席间对其赞不绝口，并欣然题词："这是我在中国所吃到的最好的菜肴，李博先生的厨艺是安阳历史文化遗产一个很重要的部分。"

郭文俊因为杰出的烹饪技术，崇高的敬业精神及执着的追求，被中国企业文化促进会等六部级单位联合授予国内厨师界唯一"中国经营创新杰出企业家"的称号。郭文俊多次受邀参加中央电视台、上海电视台、北京电视台、河南电视台、宁夏电视台、甘肃电视台等全国众多卫视的专题报道及节目制作，更是各大名牌美食栏目炙手可热的特约嘉宾。个人简历和图片已被收入《名人画册》《烹饪名师》，《河南日报》《城市早报》《大河报》《河南商报》《人物周刊》《精品购物指南》《礼志》《今日财富》《新财志》《生活速递》《中国企业文化》《烹调知识》《消费日报》《中国商报》《中国消费者报》《中国质量报》《现代消费导报》《时尚周刊》《北京青年周末》《环球周刊》《北京电视周刊》《北京广播电视报》《都市精品周刊》《时尚生活指南》等等众多媒体对其进行过多次报道。郭文俊因业绩突出被国家中宣部《中国改革先锋》，人民日报社减部《中华大地经典精英》（2000 年珍藏版）收编并获得荣誉证书。在业内被《中国大厨》《餐饮世界》《味道》《美食之窗》《东方美食》等顶尖杂志作为封面人物，被业内称为"封面专业户"人物。郭文俊还出版了 VCD 光盘《李博厨坛荟萃》，这些材料与光盘现已作为餐饮业主讲教材，被许多餐饮院校广泛使用。他制定的《厨房生产经营曲线分析图》《厨房生产经营分析表》《原材料日购涨浮表》《菜味销售正字本》等方案及他写作的《酒店经营分析与成本控制》《前厅与厨房协调》等论文均被专业刊物发表，并被许多星级酒店的应用。由他作词并演唱的《爱在每一季》《我的爱·你的菜》《一世厨缘》等原创歌曲都是他对美食心得及感情的释放，现在已在全国发行。

郭文俊管理的厨房已于 2001 年 8 月 18 日正式通过 ISO9000 国际质量管理体系认证，实现了标准化的厨房管理模式，并组建成立了中国厨师网站，为中国厨业的发展做出了巨大的贡献。

关于郭文俊媒体报道

郭文俊语录：

关于做人：不愿与人相比，但愿突破自己。跟着别人学永远在人家后头，只能做到四不像。我认为，一个成功的人应该引导别人，而不是只让别人引导你。

关于技艺：百事通不如一门精。

关于管理：顾客是上帝，服务员是厨房的上帝。当前厅与后厨发生矛盾时，后厨要服从前厅，因为服务员代表着顾客的利益，首先要坚持客人的利益，满足客人的要求。

关于菜品：以味为先，以养为本，把各种食物中对人体有营养保健作用的部分突出出来，删除那些对人体有害的成分，合理搭配，使其色香味形能够促进食欲，从而帮助食客达到强身健体、延年益寿的目的，这才是他做菜一贯的原则。

《中国大厨》报道

在南北浩瀚的各种舌尖诱惑中，有这样一种饮食，它美味与营养兼具、文化与膳食并举、传统与创新共融。赋予这种饮食以生命力的就是官府养生菜创始人——郭文俊。

关于郭文俊媒体报道

《美食之窗》报道————

河南，中国历史文明的诞生地。仰韶文化、殷商文化引领中华民族文明发展。中国版圣经《道德经》诞生在河南。历史发展到今天，孕育文化的中原大地又出现了个奇才，他把文化理念引向了中国现代大饮食领域，他在浩瀚的现代中国饮食领域酿造了一朵奇葩——"官府养生菜"。他叫郭文俊，生自河南新郑。

《新财志》报道————

《礼志》报道————

官府养生菜是当代烹饪大师郭文俊（艺名：李博）先生苦心钻研、刻苦力学，汲取传统膳食菜的精髓，结合现代膳养理念，兼容营养学的成果，"以美味为核心，以膳养为目的"的健康膳食思路，依照中国传统哲学和传统医学"法于阴阳，和于术数"，"饮食有节"，"饮食有择"的自然之道进行研究和实践，研发组配出的经典养生美食。

《餐饮世界》报道————

《味道》报道————

其他媒体报道————

他，面色有点冷，就是这张冷面让圈里人并不了解他。可圈里圈外人不得不关注他，因为他不止一次地掀起行业里的热潮，随即他的名字作为一种符号成为热点。郭文俊，北京钓鱼台山庄国际会所行政总厨，厨用名，李博。一个"冷面热点"人物。